HISTOIRE ET DESCRIPTION

DES INSECTES COLÉOPTÈRES.

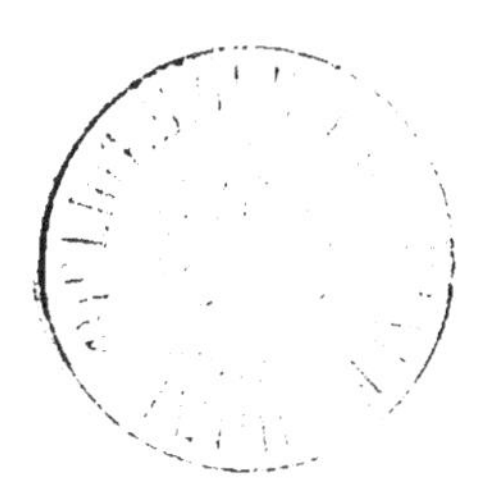

HISTOIRE

ET

DESCRIPTION DES INSECTES

COLÉOPTÈRES

DU DÉPARTEMENT DE LA LOIRE-INFÉRIEURE,

Par M. E. PRADAL.

NANTES,

IMPRIMERIE DE Mme Ve CAMILLE MELLINET, PLACE DU PILORI, 5.

1859

INTRODUCTION.

—

Ego apis matinæ more modoque.
HORACE.

C'est après avoir bien voyagé dans le département ; après avoir recueilli, j'ose le croire, la presque totalité des insectes coléoptères qui s'y trouvent ; aidé des savantes leçons et de la longue expérience de M. Vaudouer, de la science et du trop court séjour dans notre ville de M. l'abbé de Marseul, que j'ai osé entreprendre l'histoire et la description des coléoptères de notre localité.

J'offre donc aujourd'hui le fruit de nombreuses recherches, d'observations faites avec soin et d'une persévérante application. Si cette œuvre n'est pas complète, je l'ai du moins conduite jusqu'à ce point assez rapproché du but, où d'autres entomophiles viendront en corriger les parties défectueuses, y ajouter leurs nouvelles découvertes et la conduire jusqu'à son dernier terme.

La classification que j'ai préférée est celle du comte Dejean. Elle est claire, facile et généralement suivie. Ce parti m'a semblé le meilleur ; je m'y suis arrêté, plutôt que de m'embarrasser entre les systèmes divers qui se produisent, le plus souvent, sans bénéfice pour le progrès. D'ailleurs, ceux qui marcheront dans la même voie, plus heureux que nous, jouiront des travaux qui se publient actuellement : la *Faune entomologique française*, de M. L. Fairmaire, et le *Genera des Coléoptères d'Europe*, de M. Jacquelin Duval, ouvrages qui, malheureusement, sont encore bien peu avancés.

Mes descriptions ont été faites sur l'insecte ; pour en assurer l'exactitude, j'ai vérifié celles des auteurs les plus estimés ; quelquefois même, lorsque j'ai rencontré une phrase qui s'appliquait parfaitement aux caractères que je voyais, je n'ai pas hésité à me l'approprier sans chercher à déguiser l'emprunt.

Le plus souvent et autant que je l'ai pu, j'ai fait suivre les descriptions de l'histoire des larves, des nymphes et des métamorphoses ; j'ai signalé les espèces nuisibles à l'industrie de l'homme, en indiquant des procédés pour les combattre. J'ai appelé l'attention sur les espèces qui sont d'une incontestable utilité dans l'économie de la nature, pour faire ressortir davantage le plan harmonieux de la création, c'est-à-dire Dieu dans ses œuvres.

—————

2

COLÉOPTÈRES.

Κολεος, gaine ; πτερα, aile.

Les coléoptères se distinguent de tous les autres insectes par leur forme allongée, ovalaire, quelquefois ronde, et surtout, comme leur nom l'indique, par des ailes membraneuses recouvertes par des étuis ou élytres. Leur tête est plus ou moins distincte : deux antennes qui, par leur forme et leur disposition, servent souvent à leur classification, deux mandibules, deux mâchoires, un labre, quatre ou six palpes. Corselet sur lequel s'insère la première paire de pattes. Corps formé de deux pièces soudées, nommé mésothorax et métathorax, sur lequel s'attachent les deux autres paires de pattes. Abdomen composé de six ou sept segments.

Cet ordre se divise en quatre sections :

1º PENTAMÈRES ; cinq articles à tous les tarses.

2º HÉTÉROMÈRES ; cinq articles aux quatre tarses antérieurs et quatre aux deux derniers.

3º TÉTRAMÈRES ; quatre articles à tous les tarses.

4º TRIMÈRES ; trois articles à tous les tarses.

Iʳᵉ SECTION. — PENTAMÈRES.

Πεντα, cinq ; μερος, division.

Cinq articles à tous les tarses.

PREMIÈRE TRIBU.

LES CARNASSIERS OU CRÉOPHAGES.

Κρεως, chair vivante ; φαγος, mangeur.

PREMIÈRE FAMILLE.

CICINDÉLÈTES.

Car. Mâchoire terminée par un onglet articulé.

Genre unique.

CICINDÈLE, CICINDELA. Corselet allongé, plus étroit que les élytres et que la tête, mandibules fortes, saillantes, dentées à leur partie interne, croisées dans l'état de repos ; palpes épineux, velus ; pattes très longues et grêles ; yeux gros et saillants. Les mâles ont les tarses antérieurs dilatés, allongés, presque cylindriques.

Les Cicindèles courent et volent avec beaucoup de vivacité.

CICINDELA campestris. Long. 15 millim. Le dessus d'un beau vert bronzé. Les antennes sont noires ; le premier article seulement est cuivré. Elytres planes, arrondies en arrière, recouvertes de cinq taches, quelquefois six, une plus large près de la suture qui est entourée chez les femelles d'une tache noire. Le dessous du corps est vert bleuâtre ; la poitrine rouge cuivré. Elle habite dans les chemins sablonneux exposés au soleil, surtout sur le bord des rivières ; elle court vite et vole de place en place ; sa larve qui, aujourd'hui, est bien connue, est très mince ; un tiers plus longue que l'insecte parfait, composée de onze articles. Les neuf derniers articles sont armés de crochets ciliés, longs de près de 5 millimètres, qui lui servent à se soutenir à la partie supérieure du trou qu'elle s'est creusée dans le sable, à l'orifice duquel sa tête paraît, armée de ses fortes mandibules, pour saisir sa proie. CC.

C. Hybrida. Dej. Icon. pl. 2, fig. 6. Long. 18 millim. Elle a beaucoup de rapport avec la précédente, mais elle en diffère par ses mandibules, qui ont une tache blanche à leur base. Les taches des élytres forment au milieu une ligne transverse sinuée, dentée, qui ne touche ni au bord externe ni au bord interne. Un point blanc à la partie antérieure et externe de l'élytre, et à la partie postérieure, un croissant dont l'extrémité externe est plus fortement courbée et arrondie. Elle est moins commune que la champêtre, et elle habite plus particulièrement les bords de la mer. Ses mœurs sont celles de la champêtre.

C. trisignata. Long. 9 à 12 millim., subcylindrique, verte, cuivrée, bronzée ; élytres marginées sur les bords, lunule humérale recourbée, une ligne droite d'abord et descendant ensuite sur le milieu de l'élytre en se recourbant jusqu'à la suture.

Cette espèce, qui se trouve ordinairement dans le Midi de la France, a été trouvée à Clisson par M. Bouvier, de qui je la tiens.

DEUXIÈME FAMILLE.

TRONCATIPENNES.

Car. Mâchoires terminées en pointe ; élytres tronqués à l'extrémité postérieure.

1er genre.

ODACANTHA melanura. Dej. Icon. pl. 7, fig. 2. Spec. 1, p. 176. Carabus Angustatus. Oliv. iii, p. 113, n° 159. Long. 7 millim. Tête noire, brillante ; antennes plus courtes que le corps : corselet presque cylindrique, bleu verdâtre, un peu renflé au milieu, ponctué. Elytres plus larges que la tête, testacées tronquées et marquées d'une tache noire à l'extrémité. Pattes jaunes ; extrémités des cuisses noires ; tarses obscurs. Elle habite sous les pierres. Je l'ai trouvée à Roche-Maurice, au printemps. R.

2ᵉ genre.

DRYPTA EMARGINATA. Dej. Icon. pl. 7, fig. 4. Spec. 1, p. 183. Cicindela emarginata. Oliv. 11, 33, p. 32, nº 35. Long. 9 millim.; tête, corselet et élytres d'un beau bleu ; quelquefois d'un vert bleuâtre, striées, ponctuées. Une ligne longitudinale profonde sur le corselet. Les antennes, un peu plus longues que la moitié du corps, sont fauves ; le premier article a son extrémité antérieure noire ; pattes courtes, d'un jaune fauve et l'avant-dernier article bilobé à tous les tarses; les yeux sont saillants. J'ai des individus qui les ont noirs et d'autres presque blancs. Hab. sur les mousses, dans l'herbe. J'en ai trouvé une sur des Sphagnum, à la Verrière. Juillet.

3ᵉ genre.

POLISTICHUS FASCIOLATUS. Bonelli. Dej. Icon. pl. 7, fig. 7. Zuphicum. Latreille. Galerita Fabricius. Long. 9 millim. Corps aplati ; tête rétrécie en un col court, ponctuée, d'une couleur brune ferrugineuse comme les palpes. Elytres tronquées et striées. Le dessous du corps, pattes et une bande longitudinale sur les élytres d'un rouge ferrugineux ; le reste du corps brun noirâtre. Hab. sous les pierres. CC. à la Basse-Indre.

4ᵉ genre.

CYMINDIS HUMERALIS. Latreille. Dej. Icon. pl. 8, fig. 7. Tarus Clairville. Carabus Fabricius. Corps long et plat, tête ovale, corselet cordiforme. Long. 9 millim. Elytres bordées d'une tache ferrugineuse ; corps noirâtre, tête et prothorax ponctués, élytres striées.

C'est la seule espèce de ce genre que nous trouvons dans le département, et encore très rarement, sous les pierres et pendant l'hiver.

5ᵉ genre.

DEMETRIAS. Bonelli. Dromius. Dej. Cat. Lebia Duft. Carabus Fabricius.

D. ATRICAPILLUS. Pâle, tête noire, corselet, élytres et pattes rouges , élytres finement striées ; les interstices ponctués ; une tache obscure à la base et une à l'autre extrémité. Les crochets des tarses dentelés en dessous ; corselet cordiforme. Hab. dans les haies, à Ancenis. Ils volent le soir.

D. ELONGATULUS. Dej. pl. 14, fig. 4. Rouge pâle ; la tête, élytres finement striées ; les interstices ponctués, mais moins distinctement que dans l'espèce précédente , avec laquelle il a beaucoup de rapport ; seulement, il est un peu plus grand.

Mêmes mœurs, même habitation.

6ᵉ genre.

DROMIUS. Bonelli. Lebia. Lat. Carabus Fabricius. Crochets des tarses dentelés en dessous ; articles des tarses presque cylindriques ; antennes filiformes, plus courtes que le corps ; tête ovale.

D. LINEARIS. Dej. pl. 11, fig. 14. Allongé, d'une couleur ferrugineuse ; élytres ponctuées, striées, très pâles ; antennes plus courtes que le corps, d'un jaune pâle de même que les pattes. Hab. sous les écorces des vieux arbres dont il hâte la mort quand il est à l'état de larve.

D. QUADRISIGNATUS. Dej. Icon. pl. 11, fig. 7. Spec. 226, nᵒ 4. Tête noire, corselet rougeâtre, presque carré, cependant un peu élargi à sa partie antérieure ; élytres fauves, striées avec deux grandes macules : l'une humérale , l'autre terminale ; antennes et pieds pâles ; le dessous du corps brun noirâtre.

Mêmes localités que le précédent.

D. QUADRIMACULATUS. Dej. pl. 12, fig. 4. Long. 6 millim. Oblong, tête noire, corselet rouge, à peu près carré. Elytres légèrement striées, fauves avec deux larges macules pâles ; les antennes et les pattes pâles, dessous du corps brun. Hab. sous les écorces d'arbres, sous des pommiers, à Petit-Port.

D. AGILIS. Dej. pl. 12, fig. 6. Long. 6 millim. 1/2. Oblong et corselet ferrugineux ; ce dernier presque cordiforme ; les bords légèrement relevés ; élytres fauves, striées avec deux lignes marquées de petits points. Antennes et pattes fauves pâles. Hab. sous les écorces des vieux arbres.

D. QUADRINOTATUS. Pl. 12, fig. 2. Long. 2 millim. 1/2. Allongé , tête noire , corselet fauve , un peu allongé et atténué en arrière : les angles postérieurs relevés ; élytres sombres substriées, deux macules : une humérale , l'autre terminale plus rapprochée de la suture ; antennes et pattes pâles ; le dessous du corps brun. Hab. sous les écorces.

D. **punctatellus.** Dej. Icon. pl. 13 , fig. 5. Long. 2 millim. 1/2. Dessus du corps bronzé ; élytres substriées, avec deux points enfoncés sur la troisième strie ; dessous du corps noir brillant, tarses brunâtres. Hab. sous les pierres.

D. **spilotus.** Dej. Icon. pl. 13, fig. 4. Long. 3 millim. Oblong, bronzé ; élytres obscures substriées ; deux points enfoncés souvent peu visibles ; deux macules quelquefois peu apparentes : l'une humérale, l'autre près de la suture ; jambes pâles, cuisses noires obscures. Habit. Je l'ai trouvé dans du terreau.

D. **glabratus.** Dej. Icon. pl. 13, fig. 1. Long. 2 millim. Allongé , noir bronzé ; élytres presque lisses, tronquées. Pattes d'un noir foncé. Hab. sous les pierres et les feuilles tombées.

D. **quadrillum.** Dej. pl. 13, fig. 7. Long. 2 millim. Noir un peu bronzé ; élytres striées, les interstices ponctués, deux macules presque blanches : l'une humérale, l'autre au tiers inférieur de l'élytre. Corselet court , cordiforme ; dessous du corps et pattes noirs. Hab. sous les pierres.

7ᵉ genre.

LEBIA. Latr. Bonelli. Carabus Fabricius. Crochets des tarses dentelés en dessous ; corps court et large , tête ovale , corselet court , plus large que la tête. Le dernier article des palpes filiforme ou ovalaire, tronqué à son extrémité ; antennes filiformes ; élytres larges.

L. **fulvicollis.** Dej. Icon. pl. 14, fig. 5. Long. 10 millim. Tête noire, corselet et jambes rouges ; élytres d'un beau noir bleu, profondément strié, ponctué. Hab. sous les pierres. R.

L. **cyanocephala.** Dej. Icon. pl. 14, fig. 6. Long. 7 millim. Bleue, quelquefois verte ; corselet et pattes rouges ; cuisses noires au sommet ; élytres striées, ponctuées dans les interstices. Hab. sous l'écorce des saules, en automne. CC.

L. CHLOROCEPHALA. Dej. Icon. pl. 14, fig. 7. Long. 5 à 7 millim. Tête verte foncée, élytres d'un bleu verdâtre, très brillantes ; corselet, poitrine et pattes rouges. Hab. sous les pierres, trouvée à la Morinière. R.

L. RUFIPES. Dej. Icon. pl. 14, fig. 8. Long. 6 millim. Noire-bleue. Corselet, poitrine et pieds rougeâtres. Elytres bleues, striées ; les stries finement ponctuées dans les interstices. Hab. sous les pierres et la mousse. Printemps.

L. CRUX MINOR. Dej. pl. 15, fig. 3. Long. 5 à 7 millim. Tête noire ; corselet cordiforme, rouge, de même que les élytres dont la suture est noire ainsi qu'une bande transversale. Pattes fauves, genoux et tarses noirs. Hab. sur les arbres et sur les hautes herbes.

L. HEMORRHOIDALIS. Dej. Icon. pl. 15, fig. 8. Long. 4 à 5 millim. Tête, antennes, d'un rouge ferrugineux. Elytres noires, tronquées à la base avec une tache plus jaune que le corselet ; pattes rouges. Hab. sous les écorces et sur les graminées.

8ᵉ genre.

BRACHINUS. Corselet cordiforme, plus étroit à la base que les élytres qui sont tronquées obliquement à leur extrémité. Antennes filiformes, palpes très visibles, à cause de la brièveté du menton.

B. CREPITANS. Dej. Icon. pl. 17, fig. 4. Long. 9 millim. Tête, corselet, écusson et pattes rouge ferrugineux ; dessous du corps, et deux articles des antennes bruns ; élytres bleues-verdâtres, pubescentes avec des pointes et des petites côtes. Au printemps, sous les pierres. CC.

B. SCLOPETA. Dej. Icon. pl. 18, fig. 3. Plus petit et plus allongé que le précédent ; ce qui le distingue surtout, c'est la suture fauve des élytres.

Celui-ci se trouve plus particulièrement en hiver, sous les débris de végétaux. Lorsque l'on touche ces petits animaux, ils font sortir de leur corps une fumée brûlante, qui noircit les doigts et épouvante leurs petits ennemis.

SCARITIDES.

Σκαριζω, courir avec vitesse.

Côté interne des jambes antérieures fortement échancré ; tarses non dilatés dans les deux sexes.

1er genre.

CLIVINA. Latr. Bonelli. Scaritos. Fabr.

C. ARENARIA. Corps allongé, presque cylindrique ; tête triangulaire, marquée de trois points entre les yeux ; corselet carré, concave à la partie antérieure pour recevoir la tête, sillonné au milieu ; élytres arrondies aux extrémités, striées, points enfoncés à la troisième strie et une ligne de points sur le bord externe ; jambes antérieures armées de trois fortes épines. Le reste du corps variant du jaune testacé au noir foncé, suivant l'époque plus ou moins éloignée de sa transformation. Hab. sur les bords de la Loire, à Rezé, à Ancenis.

C. NITIDA. Dej. Icon. pl. 23, fig. 4. Long. 5 millim. Bronzé, brillant ; tête lisse avec une ligne longitudinale de chaque côté ; corselet globuleux, allongé, plus large que la tête, une ligne longitudinale et une autre transversale au bord antérieur ; élytres plus larges que le corselet, arrondies, convexes, striées, ponctuées ; pattes brunes, terminées aux jambes antérieures par deux fortes épines courbées. Hab. sous les pierres, au bord des rivières.

C. POLITA. Dej. pl. 23, fig 5. Dyschirius Fairmair. Long. 3 millim. Bronzé, brillant ; ressemble à la Nitida ; mais tous les caractères moins prononcés ; les élytres ovales, allongées, finement striées, ponctuées ; pattes rouges foncées. Hab. sur le bord des rivières dans le sable.

C. GIBBA. Dej. Icon. pl. 25, fig. 3. Dyschirius globosus. Herbst. Fairmair. Scarites gibbus, Fab. Long. 2 millim 1/2. Noire bronzée ; les jambes antérieures ayant deux épines finement dentées ; élytres ovales, presque globuleuses, striées, ponctuées ; antennes et pattes rouges foncées. Hab. dans le sable, au bord de la Loire. Ancenis.

2ᵉ genre.

DITOMUS. Bonelli Aristus; Zieg. Carabus Fab. Corps épais, oblong ; tête grosse, enchâssée dans le corselet, qui est en croissant à la partie antérieure, et très étranglée à sa base ; antennes filiformes, à articles allongés et cylindriques ; menton articulé, concave et trilobé ; lèvre supérieure échancrée ; jambes antérieures non palmées.

D. FULVIPÈDE. Dej. Icon. pl. 26, fig. 7. Long. 10 millim. Noir, très ponctué ; corselet en cœur ; élytres striées, ponctuées, interstices très ponctués ; antennes et pattes rouges foncées. Hab. sous des pierres, à Ancenis.

QUATRIÈME FAMILLE.

SIMPLICIPÈDES.

Car. Côté interne des jambes antérieures sans échancrures.

1ᵉʳ genre.

CYCHRUS. Fab. Carabus Oliv. Corselet plus large que la tête, mais bien moins large que le corps ; bouche prolongée en une sorte de bec ; pas d'ailes.

C. ROSTRATUS. Dej. pl. 28, fig. 4. Noir ; tête étroite ; corselet ovale, à bord relevé, à angles arrondis et une ligne longitudinale au milieu ; élytres à bords relevés, mais moins que le corselet, granuleuses, avec trois lignes formées de points allongés, visibles à la loupe. Hab. dans le bois de la Guerre, à Ancenis.

Deux m'ont été donnés par M. Grolau. R.

2ᵉ genre.

PROCRUSTES. Bonelli. Carabus Fab. Comme dans tous les Carabes, les quatre premiers articles antérieurs dilatés dans les mâles, dernier article des palpes sécuriformes et dilaté dans les mâles ; lèvre supérieure trilobée ; mandibules fortes et arquées, très aiguës, lisses et n'ayant qu'une dent à la base ; dent bifide au milieu de l'échancrure du menton ; corselet presque carré, un peu plus large vers la partie antérieure ; élytres ovales allongées.

P. coriaceus. Dej. Icon. pl. 32, fig. 1. Long. 35 millim. Mandibules longues, aiguës, arquées, unidentées; menton trilobé; tête lisse; corselet caréné, angles postérieurs aigus et saillants; élytres rugueuses; pas d'ailes membraneuses. Hab. sous les pierres. Saint-Etienne-de-Mont-Luc, Ancenis, etc. CC.

C'est le plus grand de nos Carabes. Il lance par l'anus une liqueur noire, d'une odeur pénétrante, qui cause une douleur cuisante, si elle touche les yeux ou une plaie vive. La plupart des Carabes ont la même faculté.

3ᵉ genre.

CARABUS. Καραϐος, crustacé. Linné. Fischer. Corselet légèrement convexe, relevé sur les bords, presque aussi large que la tête, qui est rétrécie en arrière; pattes antérieures non échancrées; les autres caractères généraux sont ceux du Procruste.

C. catenulatus. Dej. Icon. pl. 42, fig. 3. Long. 25 millim. Oblong, ovale; le dessus du corps noir bleu; le corselet et les élytres relevés sur les bords, qui sont violetés; élytres ovales, striées, plus larges que le corselet, ponctuées, avec trois lignes plus élevées, interrompues, comme les anneaux d'une chaîne, en intervalles à peu près égaux. Hab. au printemps, sous les pierres. CCC.

C. monilis. Dej. Icon. pl. 43, fig. 4. Long. 27 millim. Corps oblong, ovale, vert ou bronzé ou violeté; trois rangées de points élevés sur les élytres, à distances égales, ce qui ressemble assez à des rangs de collier, d'où lui vient son nom. Hab. dans les champs, sous les pierres. CC.

C. cancellatus. Dej. Icon. pl. 49, fig. 2. Long. 23 millim. Corps oblong, ovale, vert ou cuivré; le premier article des antennes le plus souvent rouge; élytres convexes, anguleuses au sommet, portant chacune trois lignes élevées, dont la première n'atteint pas l'extrémité; entre elles sont des points oblongs. Hab. dans les prairies. R.

C. granulatus. Dej. Icon. pl. 51, fig. 2. Long. 20 millim. Corps oblong, un peu déprimé, bronzé; corselet carré, marqué d'une fossette près des angles postérieurs; élytres plus larges que le corselet, allongées, déprimées, avec le bord extérieur un peu sinué vers l'extrémité, ne formant pas de dents comme dans le Cancellatus, ayant trois lignes élevées ; entre ces lignes, une rangée de points élevés, et, en outre, une quatrième rangée de petits points oblongs près du bord extérieur, les intervalles chagrinés ; pattes noires : cuisses quelquefois rougeâtres. Hab. sous les pierres. CC. à Ancenis.

C. AURATUS. Dej. Icon. pl. 53, fig. 1. Long. 25 millim. Corps ovale, vert doré ; élytres sinuées à l'extrémité, avec trois côtes obtuses plus élevées, intervalles granulés ; antennes fauves à la base de même que les pattes ; tarses et dessous du corps noir luisant. Hab. les jardins, où, heureusement, il est très commun, car il dévore beaucoup d'animaux nuisibles.

C. AURO-NITENS. Dej. pl. 54, fig. 4. Long. 25 millim. Corps oblong, ovale ; corselet presque cordiforme, vert doré ; élytres ovales, convexes, dorées, brillantes, avec trois côtes proéminentes noires, les intervalles dorés un peu rugueux ; le premier article des antennes et les pattes rouges. Hab. dans les bois. Il est très rare dans notre département ; je ne l'ai trouvé qu'une fois à Clisson.

C. PURPURASCENS. Dej. Icon. pl. 56, fig. 3. Long. 23 millim. Oblong, noir ; le bord du corselet et des élytres est violet ou vert, avec trois rangées de points enfoncés et qui alternent entre eux ; dessous du corps et pattes d'un noir luisant. Hab. dans la campagne, les chemins. Je l'ai trouvé très commun à Saint-Étienne-de-Mont-Luc.

C. HORTENSIS. Dej. Icon. pl. 53, fig. 1. Long. 25 millim. Corps ovale, vert ou noir bronzé ; le bord du corselet et des élytres bronzé ou violet ; élytres ovales, un peu rugueuses, avec trois séries de points enfoncés de la même couleur que les bords. Hab. dans les jardins. CC.

C. CONVEXUS. Dej. Icon. pl. 63, fig. 4. Long. 17 millim. C'est l'un des plus petits du genre. Court, convexe ; corselet court et large, à angles postérieurs saillants ; élytres convexes, bord violeté, couvert de stries fines interrompues avec trois lignes de points enfoncés très petits ; dessus noir bleuâtre foncé, bordé de violet ; dessous noir brillant. Je ne l'ai point encore trouvé ; mais M. Ducoudray-Bourgault le trouve assez communément dans son jardin.

C. CYANEUS. Dej. Icon. pl. 67, fig. 3. Long. 30 millim. Corps allongé, ovale, un peu déprimé, d'un beau bleu ; le bord du corselet et des élytres violet ; corselet un peu en cœur ; les élytres avec des points mêlés de rugosités, et trois rangées de petits points élevés et oblongs.

J'ai trouvé ce beau Carabe sur la montagne de Saint-Étienne et près du pont de Forges, en cueillant le Lycopode.

4e genre.

CALOSOMA. Καλος, beau ; ϐωμα, corps. Weber Fab. Corselet plus court que dans les Carabes, mais plus large et plus arrondi dans sa partie moyenne ; mandibules larges à la base, striées et sans dent ; ailes membraneuses propres au vol ; une forte dent au milieu du menton.

C. SYCOPHANTA. Dej. pl. 70, fig. 2. Long. 29 millim. Corselet large, arrondi, à bord relevé, d'un beau violet ; élytres dorées à reflets cuivreux, couvertes de lignes élevées, crénelées avec trois lignes de points enfoncés.

Ce bel insecte vole bien et poursuit sur les arbres les autres insectes, et surtout les chenilles processionnaires dont sa larve habite les nids. Je l'ai pris au vol, dans la forêt de Touvois.

C. INQUISITOR. Dej. Icon. pl. 70, fig. 3. Long. 18 millim. Corps noir, bronzé, quelquefois cuivré ; élytres ponctuées, striées, rugueuses transversalement, avec trois rangées de points enfoncés ; dessous du corps vert cuivré, pattes noires. Hab. les bois ; plus rare que le précédent.

C. AUROPUNCTATUM. Dej. Icon. pl. 70, fig. 4. Long. 25 millim. Corps noir, bronzé ; élytres striées transversalement, ondulées, rugueuses, avec trois rangées de points cuivrés très brillants ; dessous du corps et pattes noirs. Hab. aux Dervallières, sur la mousse, où je l'ai trouvé. RR.

5e genre.

LEISTUS. Frœhlich. Carabus Fab. Labre entier, arrondi ;

corselet cordiforme ; les trois premiers articles des tarses antérieurs dilatés chez les mâles ; corps aplati.

L. SPINIBARBIS. Dej. Icon. pl. 72 , fig. 1. Long. 8 millim.
Corps d'un beau bleu , corselet cordiforme à bord relevé, avec
un pli à la base , anguleux postérieurement et étroit ; élytres
parallèles, légèrement aplaties, ponctuées, striées ; bouche, antennes et pattes rouges brunâtres. Hab. sous les pierres et sous
la mousse , à la Morinière. CC.

L. FULVIBARBIS. Hoffmansegg. Dej. Icon. pl. 72 , fig. 2. Long.
7 millim. Corps noir brun , quelquefois bleu ; il diffère peu du
précédent, avec lequel il se trouve. Corselet plus court , plus
convexe , à angles postérieurs plus saillants, stries des élytres plus
ponctuées. Hab. sous les pierres. R.

L. SPINILABRIS. Dej. pl. 73 , fig. 1. Long. 7 millim. Un peu
plus étroit que les deux précédents. Corps rouge ferrugineux,
corselet cordiforme, étroit enarrière ; élytres ovales , oblongues,
parallèles, ponctuées, striées. Hab. dans les endroits humides ; je
l'ai trouvé sur des Sphagnes, à la Verrière. RR.

6e genre.

NEBRIA. Fab. Bonelli. Corps allongé , aplati , tête grande ,
yeux saillants , dent du menton bifide ; palpes cylindriques ;
labre tronqué ; mandibules peu saillantes , non dentées ; corselet
large et court ; pattes assez grandes.

N. BREVICOLLIS. Dej. Icon. pl. 76, fig. 1. Long. 11 à 13 millim.
Corps aplati, noir ; élytres crénelées , striées ; la troisième strie
présentant quatre points enfoncés ; antennes , tarses , jambes
rouges bruns. Hab. sous les pierres et dans les souches de vieux
saules ; sa larve a le corps long , déprimé, festonné sur les
côtés ; sa couleur est brune en dessus, jaune paille en dessous,
terminée par deux longs appendices blonds. CC.

N. ARENARIA. Dej. Icon. pl. 74 , fig. 1. Long. 23 millim.
Forme aplatie , ovale, jaune pâle ; les élytres plus larges que le
corselet, ont des stries lisses avec deux taches noires ondulées.
Hab. au Croisic , à Pornic. CC.

7ᵉ genre.

OMOPHRON. Corps presque sphérique, à tête engagée dans un corselet accolé aux élytres et plus large que long.

O. LIMBATUM. Jaune ferrugineux, un peu plus clair sur les côtés ; tête large, marquée d'une grande tache d'un vert bronzé, échancrée au milieu et finement ponctuée ; corselet plus large que la tête, portant une tache triangulaire ; élytres ayant la suture d'un beau brun, vert bronzé, avec trois bandes transversales de la même couleur, inégales et sinuées ; dessous du corps et pattes jaunes. Hab. sur les rives de la Loire, à Ancenis.

8ᵉ genre.

ELAPHRUS. Fabricius. Corselet plus étroit que la tête ; des ailes ; palpes simples non velus, derniers articles des tarses simples ; ses yeux très saillants ; élytres convexes arrondis postérieurement et presque parallèles.

E. RIPARIUS. Dej. Icon. pl. 86, fig. 3. Long. 7 millim. Corps vert bronzé ; corselet à peu près ovale, très fortement ponctué ; élytres moitié plus larges que le corselet, couvertes de points enfoncés très serrés, et quatre grandes taches concaves et ocellées d'une couleur cuivreuse ; les taches sont séparées par de petites élévations oblongues formant des lignes interrompues ; dessous et pattes d'un beau vert bronzé brillant. Hab. sur le bord des rivières. CC.

E. ULIGINOSUS. Dej. pl. 85, fig. 2. Long. 7 millim. Corps obscur, bronzé, très ponctué ; corselet et têtes larges, tous les deux marqués de petites fossettes ; élytres à côtes élevées interrompues par des rangées de quatre points ocellés violets brillants ; le dessous vert cuivré ; les pattes noires et blanches. Hab. sur le bord de la Loire. CC.

E. CUPREUS. Dej. pl. 85, fig. 3. Long. 8 millim. Trois lignes sur la tête, qui est ponctuée ; une ligne et deux points sur le corselet ; sur chaque élytre, deux côtes interrompues par quatre points ocellés, d'un bleu violet cuivreux ; dessous vert brillant, base des cuisses, jambes et tarses jaunes roussâtres. R.

9⁰ genre.

NOTIOPHILUS. Νοτιφς, lieu humide. φιλος, qui aime. Dumeril. Elaphrus Fab. Tarse semblable dans les deux sexes. Dernier article des palpes , court, ovalaire et tronqué , antennes courtes; lèvre supérieure entière et recouvrant les mandibules; mandibules non dentées ; corps allongé , aplati; corselet carré , yeux gros et saillants.

N. AQUATICUS. Dej. Icon. pl. 87, fig. 1. Long. 5 à 6 millim. Dessus du corps bronzé brillant; tête profondément striée ; élytres ponctuées, striées, vertes seulement à leur moitié extérieure, et une ligne ponctuée près de la suture ; dessous du corps et des pattes noir bronzé. Hab. le bord des rivières. CC.

N. BIGUTTATUS. Dej. Icon. pl. 87 , fig. 2. Long. 5 à 6 millim. Dessus du corps bronzé brillant; tête profondément striée ; élytres comme le précédent, avec une partie très brillante du côté de la suture ; deux points enfoncés sur chaque élytre. Hab. les mêmes lieux que le précédent. CC.

N. QUADRIPUNCTATUS. Dej. Icon. pl. 87, fig. 3. Long. 6 millim. Même caractère que le précédent, un peu moins brillant , et deux points bien marqués vers le milieu de l'élytre. Hab. les mêmes lieux que les deux précédents. CC.

CINQUIÈME FAMILLE.

LES PATELLIMANES.

Car. Les deux ou trois premiers articles des tarses antérieurs dilatés, carrés ou arrondis, garnis en dessous d'une brosse de poils serrés.

1ᵉʳ genre.

PANAGÆUS. Latreille. Carabus Fabr. Les deux premiers articles dilatés dans les mâles; dernier article des pattes sécuriforme ; antennes filiformes; lèvre supérieure transverse, très courte, coupée carrément ou légèrement échancrée; mandibules arquées , courtes et peu saillantes; une dent bifide au milieu de l'échancrure du menton, tête petite , rétrécie en arrière ; corselet arrondi.

P. crux major. Dej. Icon. pl. 88, fig. 2. Long. 8 millim. Tête petite, noire et pubescente ; élytres noires avec des taches rougeâtres dont les intervalles forment assez bien une croix ; corselet arrondi, pointillé et velu ; stries sur les élytres fortement ponctuées ; dessous du corps et des pattes, noir, velu. Hab. sous les pierres, en automne.

P. quadrimaculatus. Dej. Icon. pl. 88, fig. 3. Même caractère que le précédent ; mais, sur les élytres, les taches rouges forment quatre macules dont les plus larges sont à la partie supérieure sans être ondulées comme le Crux-Major. Hab. sous les pierres. Il est remarquable par son odeur.

P. trimaculatus. Dej. Icon. pl. 88, fig. 4. Un peu plus grand que les deux premiers ; les taches rougeâtres sont tellement larges que l'on pourrait penser que le fond des élytres est rouge. Alors l'on dirait élytres rouges, suture noire présentant une large tache noire à leur partie moyenne, formant un cœur ; de chaque côté de ce cœur, deux petites taches n'arrivant pas jusqu'au bord externe, base des élytres noire. Hab. mêmes localités. R.

2ᵉ genre.

LORICERA. Lat. Carabus Fab. Antennes filiformes, hérissées, soies roides et longues, palpes ovalaires tronquées, mandibules arquées et courtes, une dent simple au milieu de l'échancrure du menton.

L. pilicornis. Vert bronzé, tête arrondie, rétrécie en arrière ; corselet cordiforme, lisse et luisant ; élytres ponctuées, striées, avec trois points enfoncés près de la suture ; jambes et tarses rouges. Hab. dans les endroits humides, à la Basse-Indre. C.

3ᵉ genre.

CALLISTUS. Bonelli. Carabus Fab. Les trois premiers articles dilatés dans les mâles ; dernier article des palpes allongé, ovalaire et terminé en pointe. Antennes filiformes et comprimées, lèvre supérieure presque transversale et légèrement échancrée ; mandibules peu avancées, arquées, étroites et aiguës ; une dent simple à l'échancrure du menton.

.C. **lunatus**. Dej. Icon. pl. 89, fig. 3. Long. 5 millim. Noir bleuâtre, tête arrondie, rétrécie en arrière; corselet rouge, cordiforme, convexe; élytres jaunes, ornées de trois macules noires; cuisses et jambes noires à l'extrémité, jaunes à la base; tarses brunâtres. Hab. à Ancenis et Juigné, sous les pierres.

4ᵉ genre.

CHLÆNIUS. Bonelli. Harpalus. Gillenh. Carabus Fab. Tête triangulaire, élytres allongées, un peu convexes, arrondies; antennes filiformes, corselet souvent cordiformé, quelquefois trapézoïde.

C. **velutinus**. Dej. Icon. pl, 90, fig. 1. Long. 16 millim. Tête et corselet vert-bronzé, brillants; corselet ponctué irrégulièrement; élytres vertes, pubescentes, striées; les interstices très finement granulés; bordés de jaune pâle; antennes et pattes jaunes. Hab. sous les pierres, dans les endroits humides. CC. sur la prairie de Mauves.

C. **spoliatus**. Dej. Icon. pl. 90, fig. 4. Long. 14 millim. D'un beau vert bronzé en dessus; corselet presque cordiforme; des points épars, finement enfoncés; élytres glabres striées, finement ponctuées, interstices lisses; bord des élytres, antennes et pattes testacées. Trouvé aux Couëts, par M. le colonel Pradier.

C. **agrorum**. Dej. Icon. pl. 91, fig. 1. Long. 12 millim. Dessus du corps vert; corselet et tête vert un peu brillant à la base du corselet; de chaque côté de la ligne médiane, deux impressions allongées; élytres pubescentes, très finement granulées sur les intervalles des stries; le bord des élytres, les antennes et les pattes jaunes. Hab. sous les pierres. CC.

C. **vestitus**. Dej. Icon. pl. 91, fig. 4. Long. 12 millim. Tête et corselet vert bronzé, brillant; corselet cordiforme ponctué; élytres striées; les stries ponctuées; les interstices plats et très finement ponctués; le bord des élytres, les antennes et les pattes jaunes- C. Hab. sous les pierres, au printemps.

C. **melanocornis**. Dej. Icon. pl. 92, fig. 5. Long. 11 millim.

Pubescente, tête et corselet ponctués, finement cuivrés, bronzés; élytres vertes, striées; interstices finement ponctués, granulés; premier article des antennes et pattes d'un rouge ferrugineux. Hab. sous les pierres, prairie de Mauves. R.

C. TIBIALIS. Dej. Icon. pl. 93, fig. 1. Long. 11 millim. Pubescente; tête lisse, vert bronzé; corselet très finement ponctué, vert bronzé, presque cuivré; élytres vertes, striées; les stries presque ponctuées; les interstices granulés; les trois premiers articles des antennes rouge ferrugineux; cuisses noires, jambes testacées, pâles. Hab. sous les pierres. CC.

C. HOLOSERICEUS. Dej. Icon. pl. 93, fig. 4. Long. 11 millim. Tête obscure, bronzée; corselet rugueux; élytres striées, interstices rugueux, granulés, noirs obscurs, pubescents; antennes et pattes noires. Hab. mêmes localités que les précédents. C.

C. SULCICOLLIS. Dej. Icon. pl. 94, fig. 1. Long. 12 millim. Dessus du corps noir obscur, pubescent; points épars sur le corselet avec trois sillons à la partie postérieure; élytres finement ponctuées, striées; interstices rugueux, granuleux; antennes et pattes noires.

Je ne l'ai jamais trouvé; mais je l'ai vu chez M. Vaudouer, qui l'avait trouvé dans le petit passage de Saint-Clément, et chez le capitaine Pradier, qui m'a dit qu'un beau jour d'été elle était venue se reposer sur son papier, pendant qu'il écrivait. RRR.

OODES. Bonelli. Harpalus. Gillenh. Carabus Fabricius. Ces insectes se distinguent des Amares et des autres genres voisins par la forme des articles de leur tarse et par les caractères tirés des palpes.

O. HELOPIOÏDES. Les trois premiers articles des tarses dilatés dans les mâles; dernier article des palpes allongé, ovalaire et tronqué; antennes filiformes plus courtes que les harpales et les féronies; tête triangulaire, rétrécie postérieurement; corselet trapézoïde, rétréci postérieurement; corps ovale, oblong, noir; élytres finement ponctuées, striées. Hab. les lieux humides, sur la pointe des hautes herbes, à la Verrière.

LICINUS. Lat. Carabus Fab. Corps oblong, ovale, large,

déprimé en dessus, noir ; tête assez grosse ; dernier article des palpes sécuriforme ; labre court, tronqué ; mandibules courtes, arrondies, obtuses ; antennes filiformes ; corselet grand, échancré en avant ; angles postérieurs arrondis ; élytres larges, échancrées postérieurement.

L. AGRICOLA. Dej. Icon. pl, 98, fig. 1. Long. 15 millim. Noir ; corselet arrondi, très ponctué ; élytres ovales, avec trois lignes élevées, finement ponctuées, striées ; les intervalles planes très ponctués. Hab. sous les pierres, dans les terrains secs.

L. SYLPHOÏDES. Dej. Icon. pl. 98, fig. 1. Long. 15 millim. Noir ; corselet ponctué, lisse au milieu ; élytres, même caractère que le précédent. Hab. sous les pierres, à Ancenis.

BADISTER. Clair. Amblychus. Gillen. Carabus Fabr. Tarses dilatés dans les mâles ; dernier article des palpes allongé, ovalaire, terminé en pointe ; antennes filiformes ; lèvre supérieure courte, étroite et échancrée ; mandibules courtes, arrondies, obtuses ; point de dent au milieu de l'échancrure du menton ; tête arrondie, déprimée antérieurement ; corselet cordiforme.

B. CEPHALOTES. Dej. pl. 100, fig. 4. Long. 8 millim. Corselet et tête larges ; corselet et pattes rouges ; élytres rouges antérieurement, noires à l'extrémité avec une macule noire ovale, oblongue au milieu. Hab. sous les pierres, à Roche-Maurice.

B. BIPUSTULATUS. Dej. Icon. pl. 101, fig. 1. Long. 8 millim. Corselet et tête larges ; pattes rouges ; élytres rouges avec une tache noire au milieu ; écusson noir ; le dessous du corps noir bleuâtre. Hab. sous les détritus de végétaux. La Houssinière.

B. HUMERALIS. Dej. Icon. pl. 101, fig. 4. Long. 4 millim. C'est le plus petit des Badister ; il est noir obscur ; le bord du corselet, la macule humérale des élytres et les pattes sont jaunes pâles. Hab. sous les pierres et sous les feuilles mortes. R.

SIXIÈME FAMILLE.

LES FÉRONIENS.

Elytres entières, souvent déprimées ; jambes antérieures un peu élargies à l'extrémité, fortement échancrées, terminées extérieurement par quelques épines courtes ; premiers articles des tarses antérieurs dilatés, triangulaires ou cordiformes, munis en dessous d'une double rangée de squammules.

1er genre.

PRISTONYCHUS. Dej. Spherus Bon. Harpalus Gill. Dernier article des palpes labiaux non sécuriformes ; corselet plus ou moins cordiforme ; tarses velus en dessous et crochets dentelés ; une dent bifide au milieu de l'échancrure du menton.

P. TERRICOLA. Aptère noir sombre ; corselet cordiforme ; une impression de chaque côté et postérieurement ; élytres bleu foncé, oblongues, ovales, striées ; stries finement ponctuées ; antennes et pattes rouges brunes ; jambes intermédiaires recourbées. Hab. sous les pierres, au printemps.

2e genre.

CALATHUS. Bonelli. Harpal. Gillen. Carabus Fabr. Labre échancré ; une dent bifide au menton ; corselet carré ou trapézoïdal ; élytres allongées, arrondies postérieurement ; crochets des tarses dentelés en dessous.

C. LATUS. Dej. Icon. pl. 110, fig. 2. Long. 12 à 15 mil. Aptère, noir, corselet étroit antérieurement, ponctué postérieurement ; élytres parallèles striées, ponctuées ; les intervalles plus relevés, les points enfoncés des 3e et 5e intervalles plus rapprochés des stries, quelquefois fixés sur ces stries. Hab. Il court entre les pierres, au printemps. CC.

C. CISTELOÏDES. Dej. pl. 110, fig. 4. Long. 14 millim. Aptère, noir ; corselet carré, étroit antérieurement, moitié plus large que la tête, avec deux impressions de chaque côté assez fortement ponctuées ; élytres presque parallèles finement striées, ponctuées. Même disposition de points que dans l'espèce précédente ; pattes rouges ou brunes.

C. FULVIPES. Dej. Icon. pl. 111, fig. 3. Long. 10 millim. Aptère, noir brun ; corselet carré, rétréci à sa partie antérieure ; élytres presque parallèles, striées avec deux points enfoncés ; antennes et pattes rouges. Hab. sous les détritus de végétaux.

C. LIMBATUS. Dej. Icon. pl. 111, fig. 5. Long. 10 millim. Ailé, brun sombre, bords testacés aux élytres et au corselet; ce dernier est à peu près carré avec des angles arrondis postérieurement; élytres ovales, striées; deux points enfoncés; antennes et pattes jaunes testacées. Hab. sous les pierres, au bord des rivières.

C. OCHROPTERUS. Dej. Icon. pl. 112, fig. 4. Long. 8 millim. Aptère, brun obscur; corselet carré, étroit antérieurement; bord rougeâtre, les angles postérieurs arrondis; élytres ovales allongées, finement striées, avec trois points enfoncés; antennes et pattes jaunes testacées. Hab. sous les pierres, au printemps.

C. MELANOCEPHALUS. Dej. Icon. pl. 112, fig. 5. Long. 7 à 9 millim. Aptère, noir brun; corselet rouge, carré, rétréci antérieurement, angles arrondis; élytres oblongues, ovales, finement striées avec trois points enfoncés; antennes et pattes jaunes testacées. Hab. sous les pierres. CC.

3ᵉ genre.

SPHODRUS. Clairville. Harpalus. Gillen. Carabus. Fabr. Crochets des tarses non dentelés; premiers articles des tarses antérieurs garnis en dessous de squammules chez les mâles; 3ᵉ article des antennes aussi long que les deux suivants réunis.

S. PLANUS. Dej. Icon. pl. 114, fig. 1. Long. 24 à 27 millim. Ailé, noir; corselet plus large que la tête, cordiforme, rétréci postérieurement; les bords latéraux déprimés et relevés; les élytres ovales finement striées, ponctuées; antennes et pattes noires. Hab. dans les endroits sombres. Je l'ai trouvé dans la cave de l'Oratoire.

4ᵉ genre.

ANCHOMENUS. Bonelli. Harpalus. Gillenh. Carabus Fab. Les trois premiers articles dilatés dans les mâles, plus longs que larges, triangulaires ou cordiformes; une dent dans l'échancrure du menton; palpes tronquées à l'extrémité; antennes longues et filiformes; le plus souvent des ailes propres au vol.

A. ANGUSTICOLLIS. Dej. Icon. pl. 116, fig. 3. Long. 10 à 12 millim. Ailé, noir; corselet court, cordiforme, marginé, angles postérieurs relevés; élytres oblongues, ovales, striées, stries finement ponctuées, avec trois points enfoncés. C. à Ancenis, dans les vieux troncs de saule.

A. **prasinus**. Dej. Icon. pl. 117, fig. 1. Long. 7 à 8 millim. Ailé ; tête et corselet vert bronzé ; corselet étroit, subcordiforme ; élytres ferrugineuses, ovales, striées, avec quatre points enfoncés, une grande macule verte bleue ; antennes et pattes jaunes. Hab. sous les pierres et les feuilles mortes. C.

A. **pallipes**. Dej. Icon. pl. 117, fig. 3. Long. 8 millim. Ailé, brun obscur ; corselet cordiforme, ponctué postérieurement ; élytres ovales, oblongues, striées et ponctuées, avec deux points enfoncés ; antennes et pattes fauves pâles. Elle est un peu plus grande que le Prasinus. Hab. Se trouve souvent réunie avec l'Angusticollis.

A. **memnonius**. Dej. Icon. pl. 116, fig. 5. Long. 8 à 10 millim. Ailé, brun foncé ; corselet ovale, les angles postérieurs arrondis ; élytres allongées, presque parallèles, striées, avec trois points enfoncés ; le front rouge, bimaculé ; antennes et pattes rouges pâles. R. Hab. sous les pierres et dans les vieux saules.

A. **oblongus**. Dej. Icon. pl. 117, fig. 4. Plus petit que le Prasinus, aptère ; tête et corselet brun noir ; corselet étroit, cordiforme, ponctué postérieurement ; élytres brunes, plus claires que le corselet, crénelées, striées, avec trois points enfoncés ; antennes et pattes rouges pâles. Hab. sous les pierres, dans les endroits humides.

5ᵉ genre.

AGONUM. Bonelli. Harpalus. Gillen. Anchomenus Fairmaire. Car. Fab. Les trois premiers articles des tarses antérieurs dilatés dans les mâles ; palpe allongé, cylindrique, tronqué ; antennes longues et filiformes ; les autres caractères pareils aux Anchomènes, avec lesquels il est facile de les confondre.

A. **marginatum**. Dej. Icon. pl. 118, fig. 1. Long. 9 à 10 millim. Vert bronzé ; corselet à peu près arrondi ; élytres ovales, allongées, avec un bord jaune, trois points enfoncés, très finements striées, ponctuées ; jambes jaune pâle. Hab. sous les pierres au bord des rivières.

A. **modestum**. Dej. Icon. pl. 118, fig. 4. Long. 8 millim. Tête et corselet à peu près carrés, cuivrés bronzés ; élytres presques parallèles, vertes, la suture cuivrée bronzée, finement striées, ponctuées, avec six et quelquefois huit points enfoncés sur le 3e intervalle ; antennes et pattes noires. Hab. sous les pierres. C. .

A. SEXPUNCTATUM. Dej. pl. 118 , fig. 5. Long. 8 millim. Tête et corselet arrondis, vert bronzé ; élytres ovales, oblongues, rouges cuivrées, avec un petit bord vert bronzé, finement striées, ponctuées et six points enfoncés. Très joli insecte qui habite sous les pierres et sous les feuilles.

A. PARUMPUNCTATUM. Dej. Icon. pl. 119 , fig. 1. Long. 8 millim. Tête et corselet arrondis, obscurément vert bronzé ; élytres ovales, oblongues , bronzées, striées, et trois points enfoncés ; dessous du corps vert bronzé. Hab. sous les pierres. CC.

A. VIDUUM. Dej. Icon. pl. 119, fig. 6. Long. 9 millim. Noir un peu bronzé ; corselet arrondi ; élytres profondément striées, stries finement ponctuées, avec trois points enfoncés sur le 3e intervalle. Hab. sous les pierres.

A. LUGUBRE. Dej. Icon. pl. 120, fig. 4. Long. 8 millim. Noir ; corselet arrondi ; élytres ovales, oblongues, striées, stries finement ponctuées, trois points enfoncés. On la trouve communément à Petit-Port.

6e genre.

OLISTHOPUS. Ολισθος, glissant ; ποιος, pied. Ce genre a été séparé des Agonum et des autres genres suivants, en ce qu'il en diffère surtout par le manque de dent au milieu de l'échancrure du menton.

O. FUSCATUS. Dej. Icon. pl. 122, fig. 1. Long. 7 à 8 millim. brun bronzé ; élytres ovales, oblongues, striées, stries finement ponctuées, le bord très pâle, trois points enfoncés ; pattes jaunes et transparentes. Hab. sous les pierres, à Juigné , Ancenis.

7e genre.

FERONIA. Latreille. Carabus Fab. Une dent bifide au menton ; les trois premiers articles des tarses antérieurs dilatés dans les mâles, moins longs que larges. Pour faciliter l'étude de ce genre, qui est très nombreux, M. Dejean l'a partagé en dix divisions, mais, comme il le dit lui-même, qui sont presque aussi difficiles à établir que des genres. Nous nous contenterons donc d'indiquer seulement les noms de ces divisions des species de Dejean.

1re division.

POECILUS. Bonelli.

FERONIA cuprea. Dej. pl. 126, fig. 2. Long. 9 à 14 millim. Ailée, le dessus est le plus souvent vert ou cuivré bronzé ; corselet carré, avec une ligne médiane et striée postérieurement ; élytres oblongues, ovales, presque parallèles, ponctuées, trois points enfoncés ; les deux premiers articles des antennes rouges. Dans les rues, elle court au printemps. CC.

F. lepida. Dej. Icon. pl. 127, fig. 2. Long. 14 millim. Sans ailes, verte ou cuivrée bronzée ; corselet à peu près carré, strié de chaque côté en arrière ; élytres ovales, oblongues, parallèles, striées, avec trois points enfoncés. Hab., au printemps, sous les pierres.

2e division.

ARGUTOR. Megerle. C'est dans cette division que se trouve les plus petites Féronies.

FERONIA vernalis. Dej. Icon. pl. 129, fig. 1. Long. 6 millim. Ailée, noir brillant ; corselet carré, ponctué, strié des deux côtés de la partie postérieure ; élytres oblongues, ovales, parallèles, striées, stries finement ponctuées, trois points enfoncés ; antennes et pattes brunes foncées. Hab. sous les pierres, au printemps.

F. pulla. Dej. Icon. pl. 130, fig. 2. Long. 5 millim. Aptère, noire ; corselet presque carré, finement strié à la partie postérieure ; élytres oblongues, striées, ponctuées, trois points enfoncés ; antennes et pattes rouges brunes. Hab. sous les pierres, à Petit-Port, et court quelquefois dans nos rues aux premières chaleurs.

F. strenua. Dej. Icon. pl. 130, fig. 1. Long. 6 millim. Aptère, noire ; corselet carré, ponctué et strié postérieurement sur les côtés ; élytres ovales, striées, ponctuées ; trois points enfoncés ;

antennes et pattes rouges. Hab. sous les pierres, dans les endroits humides.

3ᵉ division.

OMASEUS. Ziégler. Melanius. Bonelli.

FERONIA melanaria. Dej. Icon. pl. 133, fig. 3. Long. 15 millim. Aptère, noire ; corselet à peu près carré, étroit en arrière, creusé en fossettes et strié de chaque côté ; élytres allongées, presque parallèles, profondément striées, deux points enfoncés. Hab. Je l'ai trouvée sous des pierres, à la Croix-Moriceau.

F. nigrita. Dej. Icon. pl. 134, fig. 4. Long. 10 millim. Ailée, noire ; corselet carré, lisse, convexe, rétréci et ponctué postérieurement, creusé en fossettes striées ; élytres oblongues, parallèle, striées, stries finement ponctuées, trois points enfoncés ; dessous du corps assez brillant, avec un petit point élevé sur le dernier anneau de l'abdomen du mâle, visible seulement à la loupe. Hab. sous les pierres, au printemps. CC.

F. anthracina. Dej. Icon. pl. 134, fig. 5. Long. 11 millim. Ailée, noire ; corselet cordiforme, ponctué des deux côtés, creusé et finement strié ; élytres oblongues, presque parallèles, striées, stries ponctuées, trois points enfoncés ; dessous du corps noir, avec une petite ligne longitudinale, élevée sur le dernier anneau de l'abdomen du mâle. Hab. sous les pierres. C.

F. minor. Dej. Icon. pl. 135, fig. 2. Long. 7 millim. Ailée, noire ; corselet cordiforme, ponctué des deux côtés postérieurement, fossettes striées ; élytres oblongues, parallèles, striées, ponctuées, trois points enfoncés ; antennes et pattes brunes foncées ; une ligne légèrement élevée sur le dernier segment de l'abdomen, chez les mâles. Hab. dans les champs, à Ancenis, et sous les pierres.

F. aterrima. Dej. Icon. pl. 135, fig. 5. Long. 12 millim. Ailée, noire, brillante ; corselet carré, creusé en fossette à sa partie latérale et postérieure, angles arrondis en arrière ; élytres oblongues, à peu près parallèles, avec trois points enfoncés très visibles. Hab. sous les pierres.

4e division.

STEROPUS. Meg.

FERONIA concinna. Dej. Icon. pl. 136, fig. 1. Long. 15 à 18 millim. Aptère, noire; corselet arrondi, creusé en fossettes postérieurement; élytres ovales, convexes, striées, avec un point enfoncé à l'extrémité libre. Hab. le bois de la Guerre, à Ancenis.

F. madida. Cette Féronie, pour la taille, l'aspect et les caractères, ressemble tellement à la précédente, dont elle ne diffère que par le rouge ferrugineux des cuisses, qu'elle ne peut être considérée que comme une simple variété. Hab. dans les bois, sous les pierres.

5e division.

PLATYSMA, Sturm.

FERONIA picimana. Creutze. Dej. Icon. pl. 138, fig. 1. Long. 14 millim. Ailée, brune foncée; corselet cordiforme, rétréci postérieurement, strié sur les parties latérales; élytres un peu applaties, oblongues, parallèles, striées, avec trois points enfoncés; pattes rouges. Hab. sous les pierres.

F. oblongo punctata. Dej. Icon. pl. 140, fig. 2. Long. 11 millim. Ailée, bronze foncé; corselet cordiforme, strié postérieurement de chaque côté; élytres oblongues, ovales, striées, avec cinq points enfoncés, allongés et alternes. Hab. sous les pierres. R.

7e division.

PTEROSTICHUS. Bonelli.

La 6e division n'a pas, jusqu'à présent, d'espèces connues dans le département.

FERONIA nigra. Dej. Icon. pl. 142, fig. 1. Long. 16 à 20 millim. Ailée, grande, noire; corselet à peu près carré, strié des deux côtés en arrière; élytres oblongues, ovales, parallèles, profondément striées, avec trois points enfoncés; le dernier segment de l'abdomen présente une ligne longitudinale assez marquée chez les mâles.

8ᵉ division.

ABAX. Bon.

FERONIA STRIOLA. Dej. Icon. pl. 148, fig. 1. Long. 18 millim. Aptère, noire, large ; corselet carré, strié en arrière ; élytres planes, parallèles, striées, stries finement ponctuées ; ligne latérale externe carinée et le bord de cette ligne ponctuée. Hab. sous les pierres, à Clisson, à Saint-Étienne, etc.

F. OVALIS. Megerle. Dej. Icon. pl. 149, fig. 2. Long. 14 millim. Aptère, noire, large, plus courte, plus arrondie que la précédente ; corselet carré, rétréci antérieurement, strié postérieurement des deux côtés ; élytres courtes, parallèles, striées, une ligne saillante, chargée de points enfoncés. Hab. sous les pierres, à Saint-Etienne.

F. PARALLELA. Dej. Icon. pl. 149, fig. 2. Long. 15 millim. Aptère, noire ; corselet carré, strié des deux côtés en arrière ; élytres parallèles, striées, stries finement ponctuées, une ligne de points sur le bord extérieur. Hab. sous les pierres.

10ᵉ division.

MOLOPS. Bonelli.

La 9ᵉ division n'a pas d'espèce connue dans le département.

FERONIA TERRICOLA. Fab. Dej. Icon. pl. 154, fig. 4. Long. 14 millim. Aptère, noire, quelquefois brune foncée ; corselet cordiforme, rétréci et plissé à la partie postérieure ; élytres très courtes et brillantes, convexes, striées ; antennes et pattes rouges foncées.

8ᵉ genre.

CEPHALOTES. Bonelli. Harpalus. Gillen. Carabus fab. Labre transversal entier ; menton unidenté ; tête grosse ; antennes filiformes, courtes ; dernier article des palpes labieux, allongé et sécuriforme.

C. VULGARIS. Bon. Dej. Icon. pl. 155, fig. 5 Long. 20 millim. Corselet cordiforme, un peu plus large que la tête, rétréci en arrière ; élytres allongées, parallèles, très finement striées ; ailé, noir ; dessous du corps et pattes noirs. Hab. sous les pierres.

9ᵉ genre.

STOMIS. Clairville. Carab. Duftshmid. Tarses antérieurs dilatés dans les mâles; palpes allongés; antennes allongées, filiformes; lèvre supérieure courte et échancrée; mandibules arquées et aiguës; menton unidenté.

S. PUMICATUS. Aptère, brun noir; corselet convexe, allongé, cordiforme; élytres oblongues, ovales, striées, ponctuées; antennes et pattes rouges. Hab., au printemps, sous les pierres, enfoncé en terre.

10ᵉ genre.

ZABRUS. Cl. HARPALUS. Gill. CARABUS. Fab. Tarses dilatés dans les mâles et cordiformes; dernier article des palpes cylindrique et tronqué; antennes courtes et filiformes; menton unidenté; mandibules arquées et obtuses.

Z. CURTUS. Lat. Dej. Icon. pl. 157, fig. 5. Long. 14 millim. Aptère, noir; corselet à peu près carré, aussi large que les élytres, finement ponctué postérieurement; élytres convexes, parallèles, striées, stries finement ponctuées; antennes et pattes rouges brunes. Hab. sous les pierres.

Z. GIBBUS. Dej. Icon. pl. 159, fig. 4. Long. 15 millim. Ailé, noir; corselet carré, ponctué postérieurement, une légère impression de chaque côté; élytres quelquefois d'un brun bronzé, plus longues que dans l'espèce précédente, parallèles, convexes, striées, ponctuées; antennes, cuisses et tarses rouges bruns.

Je l'ai trouvé plusieurs fois, à Ancenis, à Juigné, sous les pierres et sur les feuilles de graminées.

11ᵉ genre.

AMARA. Bon. Megerle Harpalus Gill. Carabus. Fab.

Les trois premiers articles des tarses antérieurs dilatés dans les mâles, palpes allongés et tronqués, antennes courtes et filiformes; lèvre supérieure large, carrée, échancrée antérieurement. Menton unidenté.

A. EURYNOTA. Kugelann. Dej. Icon. pl. 160, fig. 1. Long. 10 millim. Ovale, très large, bronzée, corselet carré, rétréci antérieurement avec deux petites fossettes à la partie postérieure, de chaque côté. Elytres rétrécies, postérieurement striées avec les intervalles un peu élevés et arrondis ; antennes rouges à la base ; pattes noires. Hab. sous les pierres au printemps. CC.

A. OBSOLETA. Dej. Icon. pl. 160, fig. 2. Long. 10 millim. Celle-ci a beaucoup de rapport avec la précédente, et il est très facile de les confondre. Seulement, le corselet est plus lisse, plus convexe ; les élytres plus larges, plus convexes et un peu moins rétrécies en arrière, les stries plus marquées. Hab. sous les pierres et court dans nos rues au printemps.

A. VULGARIS. Fab. Dej. Icon. pl. 160, fig. 5. Long. 8 millim. Oblongue, ovale, souvent bronzée ; corselet rétréci antérieurement avec deux petites fossettes à la partie latérale et postérieure ; élytres finement striées ; antennes et pattes noires. Hab. sous les pierres au printemps.

A. TRIVIALIS. Dej. Icon. pl. 160, fig. 6. Long. 8 millim. Ovale, quelquefois bronzée ; corselet rétréci antérieurement, plus long que large, convexe, lisse, avec une ligne longitudinale et une transversale postérieure qui se termine dans les deux petites fossettes ; élytres allongées striés ; base des antennes testacée. Jambes rouges brunes. Hab. sous les pierres, au printemps. CC.

A. PLEBEJA. Gillen. Dej. Icon. pl. 161, fig. 2. Long. 6 à 8 millim. Ovale, oblongue, parfois bronzée. Corselet rétréci antérieurement, deux petites fossettes ponctuées des deux côtés postérieurs ; élytres finement ponctuées ; base des antennes et jambes jaunes testacées. Hab. sous les pierres. CC.

A. COMMUNIS. Fab. Dej. Icon. pl. 161, fig. 3. Long. 6 millim. Ovale, oblongue, très courte, bronzée, brillante ; corselet rétréci antérieurement, avec deux petites fossettes ponctuées ; élytres striées plus profondément à la partie postérieure, base des antennes et pattes rouges. Hab. sous les pierres, au pied des arbres.

A. CURTA. Dej. Icon. pl. 161, fig. 5. Long. 5 millim. Plus petite que la précédente, plus large, moins convexe, et souvent toute noire ; les autres caractères pareils. Hab. sous les pierres.

A. APRINARIA. Fab. Dej. Icon. pl. 168, fig. 2. Long. 7 millim. Oblongue, ovale, brune foncée ou bronzée, brillante ; corselet carré, rétréci postérieurement, ponctué avec une petite fossette de chaque côté et une petite ligne transversale ; élytres striées, ponctuées, antennes et pattes rouges. Hab. dans les bois de sapins, aux Dervallières.

A. AULICA. Illiger. Dej. Icon. pl. 170, fig. 1. Long. 11 millim. Olongue, ovale, noire brune ; corselet arrondi sur les côtés, rétréci aux deux extrémités, strié et ponctué antérieurement et postérieurement. Elytres striées, ponctuées ; antennes et pattes rouges. Hab. Sous les pierres.

A FULVA. Degoer. Dej. Icon. pl. 169, fig. 2. Long. 10 millim. Ovale, entièrement ferrugineuse, parfois légèrement bronzée ; corselet court, carré, rétréci en arrière, avec une fossette, ponctuées de chaque côté. Elytres fauves ou bronzées, brillantes, striées ponctuées. Hab. sous les pierres, sur la prairie de Mauves.

SEPTIÈME FAMILLE.

LES HARPALIENS.

Car. Les quatre premiers articles des tarses antérieurs, souvent ceux aussi des intermédiaires, dilatés dans le mâle et garnis de brosses en dessous. Tête très grosse, non rétrécie en arrière, tarses antérieurs dilatés dans les deux sexes.

1° genre.

ACINOPUS. Carabus Duftsc. Harpalus Sturam.

A. MEGACEPHALUS. Illiger. Dej. Icon. pl. 174, fig. 1. Long. 17 millim. Noir, brillant, cylindrique ; corselet carré à angles postérieurs arrondis ; élytres striées ; antennes et pattes ferrugineuses. Hab. sous les pierres, endroits secs et arides.

2° genre.

ANISODACTYLUS. Dej. Harpalus Gill. Carabus Fab.

Tarses antérieurs des mâles dilatés et revêtus de poils en dessus ; le premier article des tarses antérieurs égale aux suivants ; menton unidenté.

A. BINOTATUS. Dej. Icon. pl. 177, fig. 2. Long. 11 millim. noir ; corselet carré, déprimé et ponctué postérieurement ; élytres striées, un point sur le troisième intervalle, premier article des antennes et tarses rouges.

A. **signatus**. Illiger. Dej. Icon. pl. 176, fig. 4. Long. 12 millim. Noir, plus fort et plus large que le précédent ; corselet carré, déprimé et finement ponctué en arrière ; élytres très obscurément bronzées et striées ; dessous du corps, cuisses et jambes noirs.

A. **spurcaticornis**. Ziégler. Dej. Icon. pl. 177, fig. 3. Long. 10 millim. Noir, corselet carré, déprimé et pointillé en arrière ; élytres striées avec un point sur le troisième intervalle ; en un mot, il ressemble beaucoup au Binotatus, dont il n'est peut-être qu'une variété ; il n'en diffère que par les pattes, qui sont d'un rouge ferrugineux. Hab. comme les précédents sous les pierres.

A. **gilvipes**. Ziégler. Dej. pl. 177, fig. 4. Long. 2 millim. Il a beaucoup de rapport avec le précédent ; mais il est plus petit et moins allongé ; les élytres plus courtes et les stries moins marquées ; le premier article des antennes et les pattes plus jaunes. Hab. sous les pierres, dans les endroits humides.

3ᵉ genre.

HARPALUS. Lat. Carabus Fab. Ophonus Ziégler. 1ʳᵉ divison. Tout le corps couvert de petits points.

Menton unidenté, corps oblong, plus ou moins convexe, les quatre premiers articles des tarses dilatés dans les mâles ; quelques espèces ont le corselet et les élytres couverts de petits points ; c'est ce caractère qui a formé le genre Ophone de quelques auteurs. Mais tous les autres caractères étant identiques, on les a réunis au genre Harpâle.

H. **columbinus**. Dej. Icon. pl. 179, fig. 1. Long. 14 millim. Corps oblong, légèrement pubescent, tête et corselet noirs, ponctués ; ce dernier large, carré, rétréci en arrière ; les angles postérieurs obtus ; élytres bleues violetées, finement ponctuées, striées ; antennes et pattes rouges. Hab. dans les champs, les terrains sablonneux.

H. **sabulicola**. Panz. Dej. Icon. pl. 179, fig. 1. Long. 10 millim. Il est très voisin du Columbinus, mais beaucoup plus petit ; corselet et tête noirs, n'ayant jamais de teinte bleuâtre.

H. **diffinis**. Dej. Icon. pl. 179, fig. 4. Long. 10 millim. Oblongue, à peu près parallèle, pubescente ; tête et corselet brun foncé, ponctué ; corselet carré , angles postérieurs arrondis ; élytres obscurément vert-bleu, finement ponctuées, striées ; antennes et pattes rouges. Hab. sous les pierres, au printemps.

H. OBLONGIUSCULUS. Dej. Icon. pl. 180, fig. 2. Long. 10 millim. Allongé , oblong, pubescent, brun , finement ponctué ; corselet rétréci postérieurement ; angles postérieurs arrondis ; élytres striées ; antennes et pattes rouges. Hab. sous les pierres, et sur les graminées.

H. PUNCTATULUS. Dufht. Dej. Icon. pl. 180, fig. 5. Long. 6 millim. Oblong ovale, un peu pubescente ; dessus du corps vert bronzé, quelquefois bleuâtre ; tête et corselet ponctués ; élytres finement ponctuées, à peine striées ; antennes et pattes rouges.

H. CHLOROPHANUS. Zenker. Dej. Icon. pl. 181, fig. 3. Long. 7 millim. Vert, bronzé, tête et corselet ponctués ; corselet à peu près carré, rétréci postérieurement ; élytres finement ponctuées, striées ; antennes et pattes rouges.

H. GERMANUS. Fab. Dej. Icon. pl. 186, fig. 5. Long. 9 millim. Ovale, un peu pubescente ; tête d'un rouge ferrugineux , quelquefois assez pâle ; corselet d'un beau bleu violeté, légèrement rétréci en arrière, recouvert de points enfoncés, plus développés que ceux de la tête ; élytres, antennes et pattes rouges testacées ; à la base des élytres, une large tache violette ayant la forme d'un cœur ; on la trouve communément sur la pointe des graminées et sous les pierres.

H. DORSALIS. Dej. Icon. pl. 185, fig. 1. Long. 7 millim. Oblong, ovale, un peu pubescent, ponctué, jaune testacé ; corselet carré, rétréci postérieurement avec une petite fossette de chaque côté ; élytres striées, jaunes, finement ponctuées avec une tache noire longitudinale près de la suture.

H. BREVICOLLIS. Dej. Icon. pl. 183, fig. 3. Long. 6 millim. ovale, un peu pubescent ; tête et corselet rouge brun, ponctués ; corselet très court, carré, un peu rétréci en arrière, à angles droits ; élytres courtes, brunes, très finement ponctuées, striées ; antennes et pattes rouges testacées.

2ᵉ division.

HARPALUS. Corps n'étant jamais entièrement couvert de points.

H. RUFICORNIS. Dej. Icon. pl. 186, fig. 3. Long. 15 millim. Oblong, ovale, pubescent, noir brun ; corselet carré avec deux dépressions postérieures ponctuées ; élytres très finement ponctuées, striées ; antennes et pattes rouges.

H. OENEUS. Dej. Icon. pl. 187, fig. 2. Long. 10 millim. Oblong, le plus souvent vert bronzé ; corselet carré ayant deux petites fossettes ponctuées ; angles postérieurs presque droits ; élytres striées, ponctuées seulement sur les côtés, sinuées et presque échancrées à l'extrémité ; stries fines et lisses ; les intervalles planes, un point enfoncé sur le 3ᵉ intervalle. Ailé ; dessous du corps verdâtre ; les pattes d'un rouge ferrugineux. Aux premières chaleurs, on la voit courir dans nos rues.

H. CONFUSUS. Dej. Icon. pl. 183, fig. 3. Long. 7 millim. Corps oblong, souvent vert bronzé ; corselet carré, déprimé et pointillé en arrière, angles postérieurs à peu près droits ; élytres striées, pointillées, très finement sur les côtés, un point sur le 3ᵉ intervalle ; les autres caractères pareils à l'OEneus : ailé.

H. DISTINGUENDUS. Dej. Icon. pl. 187, fig. 6. Très voisin de l'OEneus, peut-être le corselet un peu plus foncé que les élytres.

H. HONESTUS. Dej. Icon. pl. 189, fig. 1. Long. 10 millim. Tête lisse ; angles du corselet émoussés et noirs, rétréci en arrière et déprimé ; élytres striées, sinuées ; à l'extrémité, un point enfoncé sur le 3ᵉ intervalle et un autre à l'extrémité du 7ᵉ ; dessous noir bleuâtre ; cuisses brunes, tarses plus clairs. CC.

H. SULFURIPES. Koronini. Dej. Icon. pl. 189, fig. 3. Long. 8 millim. Oblong, noir, presque bleu ; corselet carré, rétréci en arrière, angles postérieurs droits, déprimés ; élytres striées, presque sinuées à l'extrémité avec un point enfoncé sur le 3ᵉ intervalle ; antennes et pattes rouges.

H. CALCEATUS. Kreustzer. Dej. Icon. pl. 191, fig. 3. Long. 10 millim. Ressemble assez au Ruficornis, mais un peu plus petit, plus brillant, et n'a pas son reflet velu ; tête grosse, triangulaire, et les antennes d'un rouge ferrugineux ; élytres profondément striées, sinuées obliquement à l'extrémité ; pattes rouges comme les antennes.

H. **hottentota.** Dej. Icon. pl. 191, fig. 5. Plus grand que le Distinguendus, mais plus noir et plus large ; le corselet présente, à sa partie postérieure, une impression plus large, peu marquée et ponctuée ; les élytres striées, sinuées à l'extrémité ; un point enfoncé sur le 3ᵉ intervalle ; antennes et pattes rouges ; aptère.

H. **semiviolaceus.** Brongniart. Dej. Icon. pl. 194, fig. 1. Long. 14 lignes. Corselet noir, vert bleuâtre ou violacé, presque carré, un peu rétréci antérieurement, pointillé postérieurement ; élytres le plus souvent noires, striées, sinuées à l'extrémité avec un point enfoncé sur le 3ᵉ intervalle, et plusieurs autres points sur le 5ᵉ et le 7ᵉ ; base des antennes rouge.

H. **tardus.** Dej. Icon. pl. 195, fig. 5. Long. 9 millim. Ovale, noir ; corselet carré, rétréci antérieurement, déprimé en arrière, angles postérieurs droits ; élytres striées, sinuées à l'extrémité, un point sur le 3ᵉ intervalle ; jambes et tarses rouges.

H. **serripes.** Dej. Icon. pl. 196, fig. 4. Long. 10 millim. Ovale, un peu convexe, noire ; corselet carré, rétréci antérieurement ; angles postérieurs droits ; élytres striées, sinuées, avec un point enfoncé sur le 3ᵉ intervalle ; la base des antennes et les tarses rouges.

H. **anxius.** Dej. Icon. pl. 197, fig. 2. Long. 6 millim. Oblong, ovale, noir, assez brillant ; corselet carré, rétréci antérieurement, déprimé en arrière ; angles postérieurs droits ; élytres striées obliquement, sinuées ; un point sur le 3ᵉ intervalle ; base des antennes, des jambes et tarses rouges.

II. **servus.** Kreutzer. Dej. Icon. pl. 197, fig. 8. Long. 7 millim. Ovale, noir brun ; corselet rétréci antérieurement, déprimé en arrière ; angles postérieurs droits ; élytres quelquefois rouges, brunes, striées, sinuées obliquement à l'extrémité ; un point enfoncé sur le 3ᵉ intervalle ; antennes et tarses rouges.

H. **picipennis.** Megerle. Dej. pl. 197, fig. 5. Long. 4 millim. Très petit, brun noirâtre foncé ; caractères du corselet et des élytres pareils à l'espèce précédente ; jambes et tarses d'un rouge ferrugineux un peu jaunâtre.

H. FERRUGINEUS. Dej. pl. 191, fig. 4. Long. 9 millim. La tête, le corselet, les élytres, les antennes et les pattes sont d'un rouge ferrugineux ; pas de points enfoncés sur les intervalles des stries.

H. GRISEUS. Dej. Icon. pl. 186, fig. 4. Long. 8 millim. Oblong, ovale, un peu pubescent, brun noir ; corselet carré, pointillé et chagriné postérieurement, les angles du même côté droits ; les angles antérieurs arrondis ; les bords latéraux assez relevés ; élytres très finement ponctuées ; antennes et pattes rouge pâle, comme dans le Ruficornis, avec lequel il a beaucoup de rapports.

H. LIMBATUS. Dej. Icon. pl. 192, fig. 1. Long. 9 millim. Noir ; corselet carré, ponctué postérieurement ; angles postérieurs obtus ; élytres très courtes, striées, sinuées ; un point sur le 3e interstice ; antennes et pattes rouges.

H. SEGNIS. Dej. Icon. pl. 195, fig. 6. Long. 8 millim. Ovale, convexe, noir ; corselet court, un peu carré, rétréci antérieurement, déprimé en arrière, avec les angles droits ; élytres striées, sinuées à l'extrémité ; un point sur le 3e interstice ; antennes et tarses rouges.

4ᵉ genre.

STENOLOPHUS. Megerle. Harpalus. Gillenh. Carabus Fab. Labre tronqué ; 1er article des tarses antérieurs pas plus long que les autres ; point de dent au milieu de l'échancrure du menton ; les quatre premiers articles des tarses antérieurs fortement dilatés dans les mâles.

S. VAPORARIUM. Dej. Icon. pl. 198, fig. 1. Long. 7 millim. Oblong, tête noire ; corselet rouge, carré, angles antérieurs et postérieurs arrondis, les bords légèrement relevés et deux petites fossettes allongées en arrière ; élytres rouges, striées, marquées d'une large tache noire violacée, dont la partie antérieure est irrisée ; un point enfoncé sur le 3e intervalle ; la base des antennes et des pattes rouge pâle.

S. VESPERTINUS. Dej. Icon. pl. 198, fig. 5. Long. 6 millim.

Un peu plus petit que le précédent, brun foncé ; corselet carré ; deux petites fossettes en étoile, pointillées à la partie postérieure, angles postérieurs arrondis ; élytres striées, quelquefois avec un reflet bleuâtre au milieu et rougeâtre sur la partie latérale antérieure ; un point enfoncé sur le 3e intervalle ; la base des antennes et les pattes jaunes testacées.

5e genre.

ACUPALPUS. Lat. Harpalus Gill. Trechus Sturm. Stenolophus Fairmair. Les quatre premiers articles des tarses antérieurs dilatés dans les mâles ; antennes filiformes ; le dernier article des palpes allongé, ovalaire et terminé en pointe ; mandibules aiguës, arquées, peu avancées ; une dent simple au milieu de l'échancrure du menton.

A. EXIGUUS. Oblong, brun foncé ; corselet à peu près carré, rétréci postérieurement avec deux fossettes, et les angles arrondis ; élytres striées, un point enfoncé sur le 3e intervalle ; pattes brunes. Hab. sur le bord des rivières ; pour le voir, il s'agit de jeter de l'eau sur les pierres qui couvrent certains rivages.

A. MERIDIANUS. Lin. Dej. Icon. pl. 200, fig. 5. Long. 3 millim. Oblong ; noir brun ; corselet carré, rétréci en arrière, creusé en fossettes ponctuées postérieurement ; les angles postérieurs obtus ; élytres striées, avec un point sur le 3e intervalle ; la suture, la base des élytres, les antennes et les pattes jaunes testacées. Hab. Je le trouve assez souvent dans le terreau.

A. LURIDUS. Dej. Icon. pl. 201, fig. 1. Long. 3 millim. Tête fauve testacée ; corselet rougeâtre, presque carré, rétréci et ayant deux fossettes ponctuées en arrière ; les angles postérieurs arrondis ; élytres striées, les bords et la suture plus pâles ; base des antennes et pattes testacées très pâles.

A. COLLARIS. Paykull. Dej. Icon. pl. 202, fig. 1. Long. 3 millim. Rouge testacé ; corselet carré, rétréci et déprimé en fossettes ponctuées en arrière ; les angles postérieurs obtus ; élytres striées, un point sur le 3e intervalle ; la base des antennes et les pattes testacées.

A. ATRATUS. Dej. Icon. pl. 200, fig. 3. Long. 3 millim. Noir ; corselet arrondi sur les côtés ; fossettes de chaque côté de la base arrondies et ponctuées ; les intervalles des stries des élytres planes ; pattes jaunes testacées. Ces petits insectes habitent dans les endroits humides, sous les pierres, dans les jardins, sous les débris de végétaux.

HUITIÈME FAMILLE.

LES SUBULIPALPES.

Les deux premiers articles des tarses antérieurs seulement dilatés dans les mâles ; jambes antérieures fortement échancrées ; l'avant dernier article des palpes, toujours renflé à l'extrémité, représente un cône renversé ; le dernier est toujours terminé en pointe, ce qui distingue les insectes qui la composent de tous les autres Carabiques.

1er genre.

TRECHUS. Clairville. Bembidium. Gyllenhal. Car. Dernier article des palpes aussi grand ou presque aussi grand que l'avant dernier ; une dent simple au milieu de l'échancrure du menton.

T. RUBENS. Dej. Icon. pl. 204, fig. 2. Long. 2 millim. Ailé ; rouge brun ; corselet carré, déprimé en arrière ; les angles postérieurs obtus ; élytres ovales, oblongues ; quatre stries dorsales distinctes ; deux points sur la 3ᵉ strie, un troisième moins distinct sur le 3ᵉ intervalle ; dessous du corps d'une couleur obscure ; pattes jaunes testacées. Hab. sous les pierres au bord des eaux.

2ᵉ genre.

BEMBIDIUM. Latreille. Carabus Fab. Corselet plus étroit que les élytres, recouvrant des ailes ; jambes antérieures échancrées ; tarses non lobés ; dernier article des palpes, beaucoup plus petit que le précédent, très mince, aciculaire. Le genre Bembidium se compose de très petits insectes fort agiles, courant sur les grèves humides, se cachant sous les croûtes des mares desséchées, surtout à la suite des inondations tardives, et sous les détritus de végétaux.

— **43** —

B. bistriatum. Megerle. Dej. Icon. pl. 207, fig. 6. Long. 1 millim. 1/2. Brun ; corselet carré, déprimé en fossettes en arrière ; les angles postérieurs obtus ; élytres ovales, avec deux stries dorsales distinctes ; les extérieures moins marquées; la base des antennes et les pattes testacées.

B. paludosum. Dej. Icon. pl. 211, fig. 1. Long. 5 millim. Bronzé ; corselet carré, sinué postérieurement, strié, à angles droits en arrière ; élytres ovales, striées, ponctuées ; deux facettes carrées enfoncées ; la 4e strie sinuée ; pattes obscurément vertes bronzées.

B. striatum. Dej. Icon. pl. 211, fig. 5. Long. 5 millim. Bronzé ; tête et corselet ponctués : corselet carré; les angles postérieurs droits ; élytres ovales, striées, ponctuées ; les stries extérieures très profondes, avec deux points enfoncés ; la base des antennes et les pattes rougeâtres.

B. rupestre. Dej. Icon. pl. 212, fig. 5. Long. 5 à 6 millim. Dessus du corps obscurément vert bronzé; corselet carré, cordiforme, convexe, arrondi en avant, rétréci en arrière, avec une fossette de chaque côté ; angles postérieurs droits ; élytres ovales, striées, ponctuées, avec deux grandes taches rouges testacées ; deux points enfoncés ; base des antennes et pattes testacées.

B. fluviatile. Dej. Icon. pl. 213, fig. 6. Long. 6 millim. Vert bronzé ; corselet étroit, cordiforme, avec deux fossettes en arrière ; les angles postérieurs droits ; élytres striées, ponctuées, avec deux grandes taches rouges et deux points enfoncés ; base des antennes et pattes jaunes testacées.

B. femoratum. Dej. Icon. pl. 214, fig. 3. Long. 5 millim. Noir bronzé ; corselet cordiforme, déprimé en fossette en arrière ; angles postérieurs droits ; élytres ovales, finement striées, ponctuées, avec deux grandes taches testacées et deux points enfoncés ; base des antennes, tibia et tarses jaunes testacés ; cuisses brunes.

B. coeruleum. Dej. Icon. pl. 216, fig. 3. Long. 6 millim. Dessus du corps bleu ; corselet cordiforme, déprimé en fossettes en arrière, finement bistrié ; angles postérieurs droits ; élytres oblongues à peu près planes, striées, ponctuées, et deux points enfoncés; premier article des antennes, jambes et tarses obscurément rouges testacés.

B. TIBIALE. Megerle. Dej. Icon. pl. 216, fig. 4. Long. 4 lignes. Vert bleu; corselet cordiforme, déprimé en fossettes en arrière, finement bistrié; angles postérieurs droits; élytres oblongues parallèles, un peu planes, striées, ponctuées, avec deux points enfoncés; premier article des antennes et jambes testacé.

B. BRUNNIPES. Megerle. Dej. Icon. pl. 218, fig. 2. Long. 6 millim. Vert bleu; corselet allongé, cordiforme, ponctué en arrière, finement déprimé; angles postérieurs droits; élytres oblongues, striées, ponctuées, deux points enfoncés; base des antennes et pattes testacées.

B. CELERE. Dej. Icon. pl. 219, fig. 4. Long. 3 millim. Bronzé; corselet cordiforme, arrondi antérieurement, rétréci en arrière et déprimé en fossettes de chaque côté; angles postérieurs droits; élytres oblongues, profondément striées, ponctuées; stries fines au sommet, deux points enfoncés; antennes et pattes testacées; les cuisses et les tarses le plus souvent bronzés brillants.

B. GUTTULA. Fab. Dej. Icon. pl. 222, fig. 3. Long. 3 millim. Noir, un peu bronzé; corselet transversal arrondi, déprimé en arrière. angles postérieurs un peu arrondis; élytres ovales, striées, ponctuées, avec deux points enfoncés; une tache à l'extrémité; base des antennes et pattes rougeâtres.

B. BIGUTTATUM. Fab. Dej. Icon. pl. 222, fig. 3. Long. 4 millim. Un peu plus grand que le précédent; noir brillant et bronzé en dessous; corselet arrondi, creusé en fossettes en arrière; élytres ovales, striées, ponctuées, avec deux points enfoncés; une tache à l'extrémité; la base des antennes et les pattes obscurément rougeâtres.

B. VULNERATUM. Dej. pl. 222, fig. 4. Long. 4 millim. Très voisin du Biguttatum dont il n'est peut-être qu'une variété; vert bronzé brillant, parfois un peu bleuâtre; la tache des élytres rouge testacée est assez distincte; la base des antennes et les pattes d'un rougeâtre testacé.

B. QUADRIGUTTATUM. Lopha. Megerle. Dej. Icon. pl. 222, fig.

5. Long. 5 millim. Noir bronzé brillant ; corselet cordiforme déprimé en fossettes en arrière ; angles postérieurs droits ; élytres ovales, stries fines, profondément ponctuées à la base avec deux points enfoncés, deux grandes taches pâles testacées de même que les pattes ; base des antennes rouge testacée.

B. QUADRIPUSTULATUM. Dej. Icon. pl. 223, fig. 1. Long. 4 millim. Plus petit que le précédent; noir bronzé moins brillant, sa tête est un peu plus large ; corselet plus court, plus large et plus arrondi en avant ; élytres plus courtes ; les taches plus petites, d'un jaune testacé moins pâle, et deux points enfoncés.

B. ARTICULATUM. Dej. Icon. pl. 223, fig. 3. Long. 3 millim. Tête et corselet vert bronzé ; le dernier cordiforme, déprimé en arrière ; angles postérieurs droits ; élytres oblongues ovales, jaunes testacées avec deux bandes d'un brun obscur; stries ponctuées, deux points enfoncés assez marqués; dessous du corps noir avec les pattes jaunes testacées, assez pâles.

B. PALLIPES. Megerle. Dej. Icon. pl. 223, fig. 5. Long. 6 millim. Cuivré, bronzé, finement ponctué, un peu pubescent ; corselet cordiforme ; élytres oblongues, ovales, vertes, nébuleuses, stries fines près de la suture ; deux fossettes enfoncées ; base des antennes et pattes pâles testacées.

B. FLAVIPES. Dej. Icon. pl. 223, fig. 4. Long. 5 millim. Fauve bronzé, finement ponctué, pubescent ; corselet cordiforme, très court, arrondi antérieurement, rétréci en arrière ; élytres deux fois aussi larges que le corselet, d'un vert sombre avec deux fossettes; base des antennes, palpes et pattes pâles testacées.

NEUVIÈME FAMILLE.

LES HYDROCANTHARES.

Car. Yeux saillants ; mandibules presque entièrement recouvertes ; crochets des mâchoires arqués dès leur base ; corselet plus large que long; dernière paire de pattes au moins comprimée en forme de rames.

Ces insectes, tant à l'état de larve qu'à l'état d'insecte parfait, passent presque toute leur vie dans les eaux stagnantes ; ils nagent très bien, remontent de temps en temps à la surface pour pouvoir respirer. Ils sont très voraces et se nourrissent d'animaux quelquefois plus fort qu'eux. Leurs larves ont le corps, long et étroit, composé de deux anneaux, dont le premier plus grand ; tête forte et offrant deux mandibules puissantes courbées et percées près de leur pointe ; elles sont agiles et plus carnassières peut-être qu'à l'état parfait.

1er genre.

HALIPLUS. Ἁλιπλοος, qui nage. Latreille. Corps ovale, comme bossé ; antennes plus longues que la tête et le corselet ; la hanche ou la base de la cuisse recouverte par une lame prolongée de la poitrine ; cinq articles à tous les tarses ; les trois premiers des tarses antérieurs légèrement dilatés et garnis de brosses dans les mâles, des crochets mobiles à toutes les pattes.

H. **ELEVATUS.** Panzer. Dej. pl. 1, fig. 1. Long. 3 millim. Allongé, ovale, pâlement testacé ; corselet carré, plus étroit que les élytres, échancrés en avant, les angles antérieurs aigus et abaissés ; les postérieurs presque droits ; des points noirs, confluents sur des élytres sillonnées, striées ; sur la troisième strie, une côte élevée qui s'atténue au tiers postérieur.

H. **FERRUGINEUS.** Linn. Dej. Aubé. Icon. pl. 1, fig. 5. Long. 3 millim. Ovale, allongé, convexe, testacé, ferrugineux ; tête couverte de points épars ; corselet rétréci en avant, et échancré avec quelques points épars en avant, mais formant des lignes presque régulières en arrière ; élytres ponctuées, striées ; séries de points plus petits dans les intervalles des stries ; plusieurs taches allongées, d'un noir brunâtre.

H. **VARIEGATUS.** Dej. Aubé. Icon. pl. 2, fig. 3. Long. 3 millim. Ovale, testacé, ferrugineux ; tête ponctuée ; corselet brun antérieurement, couvert en avant de points épars assez forts ; d'autres points en arrière, formant des lignes transversales ; élytres ponctuées, striées, avec des petits points rares dans les intervalles ; enfin, tout à fait en arrière, une petite tache triangulaire qui appartient autant à la suture qu'au disque ; suture noire dans toute sa longueur.

H. **impressus**. Aubé. Icon. pl. 2, fig. 5. Long. 2 millim. Ovale, convexe, testacé, ferrugineux, tête petite, couverte de points épars; corselet brun, antérieurement, avec deux petites stries à la base; élytres ponctuées, striées; les quatre premières stries rembrunies dans le milieu de même que la suture, et des petits points épars.

H. **lineaticollis**. Aubé. pl. 3, fig. 1. Long. 2 millim. 1/2. Ovale, oblong, convexe, testacé; abdomen obscur; tête brune foncée; corselet testacé avec le bord antérieur et une bande longitudinale noire, et une ligne de points placés dans un sillon transversal, au devant de l'écusson; élytres ovales, striées avec deux taches latérales et une près de la suture qui, réunies, forme un carré parfait.

2ᵉ genre.

CNEMIDOTUS. Illiger. Haliplus. Latreille. Ce genre a une grande analogie avec les Haliplus; cependant, il en diffère par sa forme, qui est moins ovalaire; par ses palpes maxillaires, dont le dernier article est le plus long, et par un petit prolongement épineux aux hanches postérieures; même manière de vivre que les Haliplus.

C. **coesus**. Aubé. Icon. pl. 3. fig. 2. Long. 3 millim. Arrondi, ovale, testacé, cendré; corselet rembruni vers le bord antérieur, couvert en avant de très petits points, mais plus grands à la partie postérieure; élytres striées, ponctuées, marquées de beaucoup de points noirs très enfoncés, les intervalles lisses.

3ᵉ genre.

POELOBIUS Schonherr. Hygrobia Lat. Dytischus Linn. Tête non enfoncée dans le corselet; antennes moniliformes; menton trilobé; le lobe du milieu tronqué; dernier article des palpes plus long que les autres; prosternum arqué.

P. **hermanni**. Aubé. Icon. pl. 3, fig. 4. Long. 10 millim. Ovale, ferrugineux; tête finement ponctuée; corselet court, transversal, plus large que long, tout couvert de petits points très serrés; écusson lisse; élytres ovales dilatées au milieu, convexes, ferrugineuses, très noires aux deux tiers postérieurs, marquées de points irréguliers et serrés.

4ᵉ genre.

DYTISCUS. Linnée. Fab. Tête enfoncée dans le corselet; prosternum droit; abdomen entièrement découvert; taille très grande; crochets aux tarses; dernier segment abdominal échancré dans les femelles.

D. DIMIDIATUS. Aubé. Icon. pl. 4, fig. 3 et 4. Long. 34 millim. Dessus du corps noir olive, le dessous rouge testacé, les bords du corselet et des élytres jaunes; trois lignes de petits points enfoncés sur les élytres des mâles et dix sillons qui vont un peu au delà du milieu sur celles des femelles; pattes ferrugineuses; prolongement des hanches postérieures assez long, lancéolé et obtus.

D. MARGINALIS. Aubé. Icon. pl. 3, fig. 3 et 4. Long. 34 millim. Dessus noir olive, dessous pâle testacé; le bord du corselet et des élytres d'un jaune bien plus apparent que dans l'espèce précédente; élytres lisses dans les mâles et sillonnées un peu au-delà du milieu dans les femelles.

D. CIRCUMFLEXUS. Aubé. Icon. pl. 8, fig. 1. Long. 34 millim. Brillant, vert olive; le dessous jaune testacé; le corselet et les élytres entourés d'une bande jaune; l'appendice des hanches postérieures lancéolé très-aigu; mâle et femelle, élytres lisses.

D. PUNCTULATUS. Aubé, Icon. pl. 5, fig. 2. Long. 30 millim. Dessus noir brun; dessous noir; le corselet et les élytres entourés d'une bande jaune; appendice des hanches postérieures arrondi; élytres lisses dans les mâles, sillonnées au-delà du milieu dans les femelles.

5ᵉ genre.

ACILIUS. Leach. Dytiscus. Linn. Elytres des femelles avec quatre sillons velus; prosternum arrondi; labre court, large, échancré au milieu; les trois premiers articles, les tarses antérieurs des mâles dilatés en palette garnie de cupules; les pattes intermédiaires simples dans les deux sexes, les postérieures larges et comprimées; leurs tarses ciliés et terminés par deux crochets inégaux.

A. **sulcatus**. Aubé. Icon. pl. 9, fig, 1 et 2. Long. 16 millim. Elliptique; dessus fauve cendré, dessous noir brun; corselet noir, entièrement bordé de jaune avec une bande transversale ondulée, court, trois fois aussi large que long, couvert de petits points enfoncés; écusson cordiforme noir; élytres larges dilatées en arrière, surtout dans les femelles, lisses chez les mâles, quadrisillonnées, velues dans les femelles.

6ᵉ genre.

HYDATICUS. Leach. Dytiscus. Linn. Corps brun, varié de fauve, déprimé; crochets des tarses postérieurs inégaux; prosternum arrondi. Les Hydatiques ressemblent aux Acilius; ils en diffèrent par le dernier article des palpes maxillaires, qui est de la même longueur que le précédent, et, dans les mâles, la dilatation des tarses intermédiaires, ce qui n'a jamais lieu dans les Acilius.

H. **hybneri**. Aubé. Icon. pl. 10, fig. 5. Long. 14 millim. Tête et corselet jaune ferrugineux antérieurement; écusson noir lisse; élytres ovales, noires, avec une bande longitudinale sur tout le bord extérieur; pattes antérieures et intermédiaires ferrugineuses; les postérieures noirâtres.

H. **transversalis**. Aubé. pl. 10, fig. 6. Long. 14 millim. Noir; tête et corselet jaune ferrugineux antérieurement; élytres bordées d'une large bande jaune avec une ligne transversale de la même couleur à la base.

7ᵉ genre.

COLYMBETES. Clairville. Dytiscus. Linn. Fab. Olivier. A tous les tarses cinq articles très distincts; mais les quatre antérieurs ont, dans les mâles, leurs trois premiers articles presque également dilatés et ne formant ensemble qu'une palette en carré long; leurs antennes sétacées sont au moins de la longueur de la tête et du corselet; les yeux point ou peu saillants.

C. **fuscus**. Aubé. Icon. pl. 12, fig. 5. **cymatopterus**. Dej. Cat. pl. 61. Long. 18 millim. Oblong, ovale, fauve brun, le dessous noir; corselet noir rougeâtre sur le bord, les élytres, finement striées en travers, ont trois rangées longitudinales de points enfoncés; pattes noires.

C. **collaris.** Aubé. Icon. pl. 13, fig. 6. Long. 10 millim. Dessus et dessous du corps jaunâtre ; élytres légèrement maculées de noir et une tache noire plus marquée à l'extrémité ; prosternum pâle.

C. **agilis.** Aubé. Icon. pl. 14, fig. 2. Long. 10 millim. Oblong, ovale, le dessus jaunâtre, le dessous noir ; le corselet en avant et en arrière maculé de noir transversalement ; élytres couvertes de petites taches noires très serrées ; prosternum pâle.

C. **graphii.** Aubé. Icon. pl. 14, fig. 3. Long. 12 millim. Oblong, ovale, un peu déprimé, noir opaque, très finement pointillé ; tête antérieurement et sur le col rouge ferrugineuse ; les angles antérieurs du corselet sont assez aigus. R.

8e genre.

ILIBIUS. Erich. Colymbètes Clairville.

Ce genre a beaucoup d'analogie avec les Colymbètes, mais leur corps est plus allongé, plus convexe. Du reste, leur genre de vie est pareil.

I. **ater.** Aubé. Icon. pl. 14, fig. 4. Long. 14 millim. Ovale, allongé, convexe, atténué en arrière obliquement, noir ; élytres ayant deux lignes d'un rouge ferrugineux.

I. **quadriguttatus.** Aubé. Icon. pl. 14, fig. 5. Long. 11 millim. Ovale, allongé, convexe, atténué à peine en arrière, noir ; élytres rouges, ferrugineuses, avec deux petites macules linéolées à la base.

I. **fenestratus.** Aubé. Icon. pl. 14, fig. 6. Long. 11 millim. Ovale, allongé, convexe, atténué obliquement en arrière, noir, bronzé ; élytres noirâtres, avec les bords latéraux plus ou moins ferrugineux, et quelques points en avant et en arrière ; écusson noirâtre.

I. **fuliginosus.** Aubé. Icon. pl. 15, fig. 4. Long. 12 millim. Ovale, allongé, un peu convexe, atténué en s'arrondissant en arrière, brun-marron, à peine bronzé, brillant ; le bord des élytres largement jaune.

9e genre.

AGABUS. Leach. Colymbètes Clairville. Derniers articles des palpes à peu près égaux entre eux ; prosternum droit, comprimé en carène ; les trois premiers articles des tarses antérieurs et intermédiaires du mâle, comprimés et garnis de petites cupules ; les pattes postérieures terminées par deux crochets mobiles et égaux ; jambes ciliées en dessus et en dessous dans les mâles, en dessus seulement chez les femelles.

A. OBLONGUS. Aubé. Icon. pl. 16, fig. 2. Long. 7 millim. Allongé, ovale, convexe, très atténué et acuminé à l'extrémité, finement pointillé, rouge ferrugineux ; tête et abdomen noirs.

A. STURMII. Aubé. Icon. pl. 17, fig. 4. Long. 9 millim. Ovale, à peine convexe, légèrement déprimé en arrière, finement pointillé, noir opaque ; élytres fauves, plus pâles sur les bords ; le bord du corselet, les antennes et les pattes d'un rouge ferrugineux.

A. MACULATUS. Aubé. Icon. pl. 18, fig. 1. Long. 9 millim. Ovale, noir, finement réticulé, pointillé ; une large tache jaune de chaque côté du corselet ; élytres ornées de taches transverses d'où partent des lignes longitudinales, qui vont jusqu'à la base.

A. DDIYMUS. Aubé. Icon. pl. 18, fig. 4. Long. 8 millim. Ovale, allongé, noir bronzé ; élytres lisses, couvertes de trois rangs simples de points enfoncés ; un peu au-delà du milieu et sur le bord externe, une tache jaune, assez irrégulière, et une autre plus petite et plus arrondie à l'extrémité.

A. PALUDOSUS. Aubé. Icon. pl. 18, fig. 6. Long. 6 millim. Ovale, à peine convexe, déprimé et arrondi postérieurement, noir et brillant ; le bord du corselet, les antennes et les pattes d'un rouge ferrugineux ; élytres plus fauves, plus pâles à la base.

A. ADSPERSUS. Mannerheim. Aubé. Icon. pl. 21, fig. 1. Long. 8 millim. Allongé, ovale, très finement réticulé, ponctué, noir ; antennes ferrugineuses ; pattes à peu près de la même couleur ; sur les élytres, trois rangées de très grands points.

A. BIPUSTULATUS. Aubé. Icon. pl. 22, fig. 4. Long. 8 à 9 millim. Oblong, ovale, un peu brillant ; stries irrégulières très serrées, s'anastomosant entre elles longitudinalement ; antennes ferrugineuses ; pattes noires.

10ᵉ genre.

NOTERUS. Clairville. Dytiscus. Auctorum. Antennes dilatées et comprimées au milieu dans les mâles, subuliformes dans les femelles ; dernier article des palpes lubiaux, élargi et échancré latéralement à l'extrémité ; prosternum droit arrondi en arrière ; écusson invisible ; pattes postérieures terminées par deux crochets égaux et mobiles.

N. CRASSICORNIS. Aubé. pl. 24, fig. 1. Long. 4 millim. Oblong, ovale, convexe, testacé, brillant ; élytres marron pâles, avec trois rangées de points très enfoncés.

11ᵉ genre.

LACCOPHILUS. Leach. Antennes sétacées ; menton trilobé ; dernier article des palpes plus long que les autres, aciculaire ; écusson invisible ; pattes postérieures terminées par deux crochets inégaux, dont un seul est mobile ; les trois premiers articles des tarses antérieurs et intermédiaires des mâles à peine dilatés et garnis de cupules.

L. INTERRUPTUS. Aubé. Icon. pl. 25, fig. 1. Long. 5 millim. Ovale, un peu déprimé ; corselet prolongé au milieu, sur la jonction des élytres ; élytres brillantes, transparentes, testacées, verdâtres, avec des taches irrégulières sur le bord et des petites lignes plus ou moins interrompues à la base et sur la suture.

L. MINUTUS. Aubé. Icon. pl. 25, fig. 2. Long. 4 millim. Ovale, un peu déprimé, testacé, verdâtre ; corselet s'allongeant en pointe en arrière ; élytres transparentes, brunes verdâtres, marquées de taches irrégulières très fines et de petites linéoles rares, courtes, plus ou moins interrompues, à peine apparentes et très pâles.

DEUXIÈME TRIBU.

HYDROPORIDES.

Tarses antérieurs et intermédiaires, n'ayant en apparence que quatre articles, mais qui, en réalité, sont composés de cinq ; le quatrième, très petit, étant caché dans l'échancrure du troisième ; peu de distinction dans les tarses des mâles et des femelles.

1er genre.

HYDROPORUS. Clairville. Ecusson invisible ; pattes postérieures terminées par deux crochets égaux et mobiles ; antennes sétacées ; les trois premiers articles des tarses antérieurs et intermédiaires, moins de trois fois aussi longs que larges.

H. DUODECIMPUSTULATUS. Aubé. Icon. pl. 26, fig. 3. Long. 6 millim. Oblong, ovale, testacé, ferrugineux ; corselet arrondi sur les côtés, noir en avant, transversalement; deux taches noires à la base ; élytres noires, ornées chacune de six taches testacées, atténuées et arrondies au sommet.

H. DEPRESSUS. Aubé. Icon. pl. 26, fig. 4. Long. 5 millim. Corps ovale, peu allongé et médiocrement convexe; corselet testacé comme la tête et les antennes, arrondi sur les côtés; son bord antérieur très étroitement noir ; deux taches noires à la base ; élytres noires, ornées de taches et de linéoles irrégulières, testacées, denticulées au sommet.

H. RIVALIS. Aubé. Icon. pl. 29, fig. 3. Long. 3 millim. Corps ovale, court, convexe, testacé, le dessous noir ; tête jaune au milieu, noire à la base ; corselet arrondi sur les côtés, déprimé transversalement, prolongée en pointe mousse sur les élytres, marqué un peu en dedans du bord latéral d'une petite strie assez enfoncée ; élytres noires, mais le bord externe, la base et l'extrémité ont quelques taches jaunes pâles plus ou moins allongées sur le disque, et une autre triangulaire, placée en dehors, un peu au-delà du milieu, avec une très large tache noire qui en occupe tout le milieu, découpée dans son contour et marquée de taches linéaires plus ou moins allongées.

H. HALENSIS. Aubé. Icon. pl. 29, fig. 4. Long. 4 millim. Ovale, un peu convexe, finement pubescent, gris testacé, dessous noir ; abdomen plus ou moins ferrugineux ; tête noirâtre en arrière avec une tache fauve à la partie interne de chaque œil ; corselet de la couleur de la tête, étroitement bordé de noir en avant et en arrière, et marqué sur le disque de deux taches noires ; prolongé au milieu en pointe mousse sur les élytres ; élytres grises, testacées avec cinq ou six lignes noirâtres, quelques-unes abrégées et interrompues. Ces lignes partent de petites taches de même couleur, irrégulièrement quadrilatées et placées dans les intervalles.

H. **picipes**. Aubé. Icon. pl. 30, fig. 3. Long. 5 millim. Allongé, ovale, un peu convexe, profondément ponctué, brillant, testacé, ferrugineux, dessous noir ; tête noire en arrière ; les bords du corselet noirs en avant et en arrière, et prolongé en pointe sur les élytres, couvert de points très enfoncés ; les élytres ont, dans leur moitié antérieure, quatre lignes longitudinales et des points petits et serrés ; pattes **ferrugineuses**.

H. **dorsalis**. Aubé. pl. 31, fig. 4, 5, 6. Long. 4 millim. Ovale, déprimé, finement ponctué, pubescent, fauve brun, dessous brun ferrugineux ; tête rougeâtre ; corselet arrondi, avec une fascie transverse en avant ; élytres brunes avec une large bande transversale ; un peu au-delà de la base et en arrière, quelques petites taches irrégulières, d'un testacé ferrugineux.

H. **opatrinus**. Aubé. pl. 32, fig. 1. Long. 4 millim. Oblong, ovale, un peu déprimé, très finement réticulé, pointillé, noir ; corselet arrondi sur les côtés, convexe au milieu, déprimé à la base ; élytres un peu atténuées, obliquement au sommet, pattes brunes, ferrugineuses.

H. **ovatus**. Aubé. pl. 32, fig. 3. Long. 4 millim. Ovale, très finement réticulé et très ponctué, noir brun ; tête ferrugineuse en avant ; corselet arrondi sur les côtés ; élytres confusément ferrugineuses aux épaules, et quelques points écartés comme sur le corselet, et une côte à peine saillante sur le disque.

H. **sexpustulatus**. Aubé. pl. 32, fig. 4, 5, 6. Long. 4 millim. Allongé, ovale, un peu déprimé, finement pointillé, pubescent, à peine brillant ; dessus fauve brun, dessous noir ; tête rouge ; corselet légèrement arrondi sur les côtés, rouge ferrugineux ; élytres ornées de trois fascies inégales et latérales, d'un jaune pâle , atténuées au sommet.

H. **erythocephalus**. Aubé. pl. 33 , fig. 5. Long. 4 millim. Ovale , un peu convexe , très ponctué , pubescent , un peu brillant, noir ; têtes et pattes rouges ; corselet et élytres ferrugineux sur les côtés.

H. **planus**. Aubé. pl. 33 , fig. 4. Long. 4 millim. Ovale , déprimé , pointillé , serré , pubescent , peu brillant , noir ; corselet oblique sur les côtés ; élytres brunes foncées, arrondies au sommet ; pattes ferrugineuses ; cuisses noirâtres à la base.

H. **lituratus**. Aubé. Icon. pl. 34 , fig. 2. Long. 3 millim. Ovale , déprimé , finement pointillé , un peu brillant , noir ; élytres noires brunes , avec des taches irrégulières s'étendant de la base des élytres sur les bords externes , où elles disparaissent vers l'extrémité ; corselet oblique sur les côtés , avec une ligne ferrugineuse très étroite sur les angles antérieurs.

H. **nigritus**. Aubé. Icon. pl. 36 , fig. 2. Long. 3 millim. Ovale, déprimé , ponctué , un peu brillant , noir ; tête ferrugineuse en arrière ; corselet à peine arrondi obliquement sur les côtes ; élytres arrondies au sommet ; pattes rouges, ferrugineuses ; cuisses assombries à la base.

H. **angustatus**. Aubé. Icon. pl. 36 , fig. 6. Long. 3 millim. Allongé , déprimé , très pointillé, finement pubescent, brillant, brun marron , dessous noir ; tête noire ; corselet arrondi un peu obliquement sur les côtés, avec une petite fossette rougeâtre, à peine distincte de chaque côté de la base ; élytres atténuées au sommet.

H. **lineatus**. Aubé. Icon. pl. 37 , fig. 4. Long. 3 millim. Allongé , ovale , convexe , finement réticulé , ponctué , pubescent , à peine brillant , rouge testacé ; corselet oblique sur les côtés ; quatre lignes longitudinales sur les élytres , très atténuées , acuminées au sommet ; ces petites lignes sont pubescentes et couvertes de petits points peu enfoncés et assez serrés.

H. GRANULARIS. Aubé. Icon. pl. 38 , fig. 2. Long. 2 millim. Allongé , ovale , très petit , convexe , finement pointillé , un peu pubescent , noir ; les côtés du corselet oblique , à peine ferrugineux ; les élytres ornées de deux lignes sur le disque , et une autre sur le bord.

H. GEMINUS. Aubé. Icon. pl. 38 , fig. 5. Long. 2 millim. Allongé , ovale , déprimé , finement ponctué , noir ; corselet rouge , ferrugineux , antérieurement et postérieurement noir ; à la partie humérale des élytres , une tache large , rouge , ferrugineuse , assez irrégulière , et qui se continue en ligne sur le bord externe jusqu'à l'extrémité , mais un peu moins clair.

H. UNISTRIATUS. Aubé. Icon. pl. 39 , fig. 1. Long. 2 millim. Ovale , un peu convexe , très pointillé , brillant , noir brun ; tête ferrugineuse ; corselet rouge , testacé , noir en avant et en arrière ; élytres d'un brun noirâtre , confusément marbrées de testacé , couvertes de points assez forts et très serrés , et une strie longitudinale le long de la suture , et une autre à la base oblique en dedans ; dessous noir.

H. PICTUS. Aubé. Icon. pl. 29 , fig. 5. Long. 2 millim. Ovale , convexe , finement ponctué , brun ferrugineux ; tête rouge , testacée ; corselet rouge , ferrugineux ; élytres pâles ; une large tache ovale sur le disque , et une ligne étroite noire sur le bord externe et près de la suture.

H. LEPIDUS. Aubé. Icon. pl. 40 *bis* , fig. 3. Long. 3 millim. Ovale , convexe , pointillé , serré , un peu pubescent , à peine brillant , noir ; tête opaque ; corselet noir , oblique sur les côtés ; élytres testacées , blanchâtres , avec une tache jaune en croissant , dont la partie convexe dentée est placée en arrière , et une autre plus grande en arrière , dont la partie convexe correspond au bord externe ; dessous du corps noir ; pattes testacées.

H. CONFLUENS. Aubé. Icon. pl. 41 , fig. 2. Long. 3 millim. Ovale , épais , déprimé , finement réticulé , avec des petits points épars ; le dessus pâle , testacé , le dessous noir ; tête noire en arrière ; corselet oblique sur ses bords ; élytres très pâles , ornées de quatre lignes noires entre la suture , et une autre ligne externe un peu oblique ; pattes testacées ferrugineuses.

H. DECORATUS. Aubé. Icon. pl. 41, fig. 4. Long. 2 millim. Ovale, épais, convexe, très ponctué, brillant, ferrugineux ; côtés du corselet obliques ; élytres ferrugineuses, bordées d'une ligne jaune et deux prolongements de même couleur, qui s'allongent sur le disque ; pattes jaunes testacées.

H. INOEQUALIS. Aubé. Icon. pl. 41, fig. 6. Long. 3 millim. Ovale, court, épais, convexe, très ponctué, brillant, ferrugineux ; corselet noir, transversalement en avant et en arrière ; côtés obliques ; élytres avec une large fascie suturale, sinuée postérieurement avec un arc latéral noir ; antennes, palpes et pattes testacées.

2ᵉ genre.

HYPHIDRUS. Illiger. Hydroporus. Clairville. Corps ovoïde, très court, très épais, à hanches postérieures libres, distinctes ; antennes plus longues que le corselet ; écusson invisible.

H. OVATUS. Aubé. Icon. pl. 42, fig. 3. Long. 4 millim. Ovale, court, épais, un peu convexe au milieu ; déprimé en avant et en arrière, rouge, testacé ; corselet à côtés obliques ; élytres brunes, confusément rouges testacées à la base et sur les côtés, arrondies au sommet ; le mâle, brillant ; la femelle, plus petite, très finement ponctuée, opaque.

TROISIÈME TRIBU.

GYRINIENS.

Écusson apparent ; dernier segment de l'abdomen aplati et arrondi à son extrémité.

GYRINUS. Geoffroy. Dytiscus. Lin. Dernier article des palpes labiaux beaucoup plus long que le pénultième ; pattes antérieures de médiocre longueur.

G. NATATOR. Aubé. Icon. pl. 43, fig. 2. Long. 6 millim. Ovale, convexe, noir bleuâtre, très brillant, deux petits points enfoncés entre les yeux ; élytres striées, ponctuées ; stries internes très fines ; interstices planes lisses ; dessous noir, bronzé.

G. minutus. Aubé. Icon. pl. 45, fig. 3. Long. 4 millim. Ovale, convexe, noir brun, opaque, bord bronzé ; élytres également striées, ponctuées; intervalles plats, finement réticulés ; dessous testacé.

Ces insectes vivent souvent à la surface de l'eau, qu'ils parcourent avec une rapidité extraordinaire, en faisant mille et un détours.

DIXIÈME FAMILLE.

LES BRACHÉLYTRES.

Dejean, de Βραχύς, courts ; ελυτρόν, gaîne.

STAPHYLINIDES. Fairmaire. Erichson. MICROPTÈRES. Gravenhorst. Abdomen entièrement découvert, relevé pendant la marche, quelquefois couvert, à la base seulement, par les élytres qui sont très courtes et cachent tout à fait les ailes qui sont repliées.

Ces insectes vivent dans le fumier, les matières excrémentitielles, les cadavres, les bolets décomposés ; quelques-uns sous les écorces et sur les fleurs; un petit nombre vit avec une espèce de fourmi, la Formica rufa, de Fabricius.

1er genre.

VELLEIUS. Leach. Dejean. STAPHILINUS. Fabricius. Palpes égaux, le dernier tronqué au sommet ; mandibules grandes, grêles, arquées et aiguës; antennes insérées près du labre et des mandibules, courtes, pectinées; les quatre premiers articles des tarses antérieurs fortement dilatés dans les deux sexes et formant une palette oblongue, garnie de poils serrés en dessous et ciliée sur les bords.

V. dilatatus. Fabr. Long. 23 millim. D'un noir mat; tête et corselet un peu brunâtres; corselet très large, arrondi sur les côtés et à la base; élytres couvertes d'une ponctuation serrée; abdomen allongé, ponctué et couvert d'une pubescence assez longue ; pattes d'un brun noirâtre , un peu épineuses.

Cette espèce, qui est très rare, vit sous les écorces du chêne, ne sort que la nuit et dévore les chenilles processionnaires. Elle répand une odeur de musc très infecte. Elle a été trouvée une seule fois dans le passage Saint-Clément par M. Vaudouer. On la trouve quelquefois dans les loges de guêpes.

2ᵉ genre.

EMUS. Leach. **STAPHYLINUS.** Fab. Palpes filiformes ; le dernier article presque ovalaire, un peu cylindrique, tronqué au sommet, celui des labiaux plus long que celui des maxillaires ; antennes insérées près du labre et des mandibules ; les cinq ou six derniers articles plus ou moins dilatés ; les quatre premiers articles des tarses antérieurs dilatés dans les deux sexes, formant une palette oblongue, garnie en dessous d'une brosse de poils serrés ; corselet orbiculaire, tronqué en avant, arrondi en arrière ; pénultième anneau de l'abdomen fortement échancré dans les mâles ; tête plus large que le corselet, fortement rétrécie en arrière ; cou court ; corps allongé.

E. **maxillosus.** Dej. staphylinus. Latr. Graven. Long. 16 millim. Noir luisant ; élytres pubescentes vers leur partie postérieure ; poil gris avec un point noir en arrière ; les segments de l'abdomen ciliés à leur bord postérieur.

E. **hirtus.** Dej. Fab. staphylinus. Grav. Long. 23 millim. Noir, très velu ; tête, corselet et les deux ou trois anneaux de l'abdomen couverts de poils très épais, jaune doré et lustré ; élytres couvertes de poils gris cendrés, ressemblant assez à du velours, dont le poil serait noir à son insertion et gris à l'extrémité.

E. **nebulosus.** Dej. Fab. staphylinus. Latr. Gravenh. Long. 20 millim. Tête, corselet et élytres d'un bronze un peu mat avec des taches semées çà et là ; écusson noir velouté avec une ligne longitudinale jaune au milieu ; palpes, genoux et jambes fauves ; abdomen noir.

E. **murinus.** Dej. Fab. staphylinus. Latr. Gravenhorst. Long. 9 à 14 millim. Plus petit que le précédent, d'un bronzé plus clair et plus brillant et les taches noires plus apparentes; les autres caractères pareils.

E. ERYTHROPTERUS. Fab. STAPHYLINUS. Latr. St. Cœsareus Grav. Long. 20 millim. Noir, avec les élytres, la base des antennes et les pattes rougeâtres; vertex et bord postérieur du corselet ciliés, dorés, et sur le bord externe de chacun des segments de l'abdomen une tache oblique de la même couleur.

E. STERCORARIUS. Dej. STAPHYLINUS. Latr. Gravenhorst. Long. 10 millim. Noir; élytres et pattes testacées; antennes et palpes brunes; une petite ligne longitudinale et brillante sur le corselet.

E. FOSSOR. Fab. STAPHYLINUS. Latr. Grav. Long. 20 millim. Tête et corselet bruns; ce dernier avec une ligne longitudinale élevée; écusson noir velouté; pattes noires.

E. OLENS. Fab. STAPHYLINUS. Latr. Ocypus. Gravenhorst. Long. 27 millim. Noir; tête plus large que le corselet; le corselet et les élytres d'un noir mat et finement pointillés. Cet insecte répand et laisse sur les doigts une odeur assez pénétrante.

E. CYANEUS. Fab. STAPHYLINUS. Latr. PHILONTHUS. Grav. Abdomen noir; tête, corselet et élytres noir bleuâtre, très finement pointillés.

E. SIMILIS. Fab. STAPHYLINUS. Latr. Long. 15 millim. Noir mat; dernier article des antennes brun; tête et corselet très ponctués; une ligne lisse, élevée, longitudinale, qui s'étend du front jusqu'à la partie postérieure du corselet; tarses bruns foncés.

E. MORIO. Fab. STAPHYLINUS. Latr. Long. 15 millim. Il a beaucoup d'analogie avec le précédent, mais il est un peu moins mat et les points sont moins rapprochés, plus grands, de chacun desquels part un poil.

E. PUBESCENS. Fab. STAPHYLINUS. Latr. Long. 18 millim. Velouté, brun noirâtre; antennes noires; le deuxième et le quatrième article roussâtre; tête couverte d'un duvet laineux, épais et jaunâtre; corselet rouge obscur, ainsi que les angles libres des élytres et le bord postérieur des anneaux de l'abdomen. Ce dernier d'un gris soyeux très luisant.

E. ANGUSTATUS. Leach. Long. 15 millim. Allongé, étroit, corselet plus étroit que la tête, brillant, convexe, couvert de petits points seulement visibles à la loupe ; élytres noires comme tout l'insecte et finement ponctuées.

E. RUFIPALPIS. Dej. Long. 20 millim. Il a beaucoup d'analogie avec le précédent, mais il est plus long, la ligne longitudinale du corselet est plus apparente ; les antennes, les palpes et les tarses sont rougeâtres.

E. OENEOCEPHALUS. Fab. STAPHYLINUS. Lat. Long. 11 millim. Tête et corselet bronzé brillant, très finement ponctué avec quelques gros points enfoncés ; élytres et segments de l'abdomen couverts de poils soyeux et couchés d'une couleur fauve ; jambes et tarses d'un roux obscur.

3° genre.

MICROSAURUS. Dejean. Ce genre, adopté seulement par M. Dejean, a beaucoup de rapport avec les Emus et les Staphylins.

M. LATERALIS. Dej. STAPHYLINUS. Latr. Long. 12 millim. Noir luisant ; tête orbiculaire ; antennes et tarses bruns ; corselet lisse et brillant avec deux points enfoncés ; élytres très finement pointillées, violetées.

M. TRISTIS. Dej. STAPHYLINUS. Latr. Long. 11 millim. Tête et corselet très brillants ; deux points sur le corselet ; premier article des antennes et palpes fauves.

M. NITIDUS. Dej. STAPHYLINUS. Lat. Long. 7 millim. Noir ; corselet très lisse ; angles antérieurs courbés ; élytres finement pointillées ; pattes et antennes d'un brun foncé.

M. LÆVIGATUS. Dej. Long. 6 millim. Tête et corselet lisses et brillants avec quatre points sur le dernier ; élytres d'un beau rouge testacé.

M. FLORALIS. Dej. Long. 5 millim. Il a beaucoup d'analogie avec le précédent ; seulement les élytres sont plus foncées ; ce n'est probablement qu'une variété.

M. IMPRESSUS. Dej. STAPHYLINUS. Latr. Quedius. Gravenhorst.

Long. 9 millim. Noir brillant ; élytres fauves avec trois lignes de points, une bordant la suture.

4° genre.

STAPHYLINUS. Linnée. Lat.

Ce genre, considérablement restreint par les entomologistes, compte cependant encore un très grand nombre d'espèces ; il se distingue surtout par les tarses non aplatis ; leurs mâchoires à lobe externe allongé, et leurs cuisses intermédiaires plus ou moins rapprochées ; chez les mâles, l'extrémité du sixième segment de l'abdomen est inférieurement émarginé ou incisé, et la tête est un peu plus grande que dans les femelles.

S. SPLENDENS. Latr. Long. 12 millim. Noir luisant, tête et corselet égaux et lisses, un point enfoncé sur chacun des angles antérieurs du corselet; élytres d'un vert bronzé.

S. LAMINATUS. Latr. Dej. PHILONTHUS. Gravenhorst. Long. 10 millim. Noir ; élytres d'un vert bronzé luisant, ainsi que la tête et le corselet, celle-ci ayant quelques points enfoncés près du bord interne des yeux et aux angles postérieurs ; corselet très lisse ; élytres très finement ponctuées.

S. SANGUINOLENTUS. Latr. Dej. PHILONTHUS. Gravenhorst. Long. 7 millim. La tête, le corselet et l'abdomen sont d'un noir luisant ; deux lignes de six points sur le corselet ; élytres rougeâtres, mais les bords de la suture d'un rouge plus vif.

S. MARGINATUS. Latr. Dej. PHILONTHUS. Gravenhorst. Long. 7 millim. Tête et abdomen noir luisant ; antennes longues ; corselet noir au milieu , bord large, jaune testacé, avec deux lignes dorsales de quatre points ; pattes jaunes, testacées.

S. OENEUS. Latr. Dej. PHILONTHUS. Gravenhorst. Long. 9 millim. Noir luisant ; plusieurs points entre les yeux et sur les angles postérieurs de la tête ; élytres bronzées , légèrement pubescentes ; deux lignes dorsales de quatre points sur le corselet.

S. BIPUSTULATUS. Latr. Dej. PHILONTHUS. Gravenhorst. Long. 6 millim. Tête et corselet noir luisant, ce dernier avec deux lignes dorsales de 4 points ; élytres avec deux larges taches sanguines, suture noire.

S. **bimaculatus**. Latr. Dej. **philonthus**. Gravenhorst. Long. 7 millim. Noir très brillant ; une grande tache de rouge briqueté sur les élytres ; deux lignes dorsales de quatre points sur le corselet.

S. **politus**. Latr. Dej. **philonthus**. Gravenhorst. Long. 7 millim. Noir luisant ; tête, corselet et élytres noirs bronzés, deux lignes dorsales de quatre points sur le corselet.

S. **fimetarius**. Latr. Dej. **philonthus**. Gravenhorst. Long. 3 millim. Tête noire, orbiculaire ; élytres bronzées et pattes plus claires ; deux lignes dorsales de quatre points sur le corselet.

S. **atratus**. Latr. Dej. **philonthus**. Gravenhorst. Long. 6 millim. Tête à peu près ovale, noire, brillante, de même que le corselet, qui présente deux lignes dorsales de quatre points ; élytres bronzées.

S. **varians**. Latr. Dej. **philonthus**. Gravenhorst. Long. 4 millim. Noir ; élytres légèrement bronzées, noires, deux lignes dorsales de points sur le corselet.

S. **micans**. Latr. Dej. **philonthus**. Gravenhorst. Long. 6 millim. Noir brillant ; deux lignes dorsales de six points sur le corselet ; base des antennes pâle.

S. **aterrimus**. Latr. Dej. **philonthus**. Gravenhorst. Long. 3 millim. Noir luisant ; antennes, palpes, pattes d'un fauve briqueté ; élytres finement ponctuées, deux lignes dorsales de six points sur le corselet.

S. **cyanipennis**. Latr. Dej. **philonthus**. Gravenhorst. Long. 7 millim. Noir brillant ; élytres d'un bleu foncé, deux lignes dorsales de quatre points.

S. **decorus**. Dej. **philonthus**. Gravenhorst. Long. 8 millim. Tête arrondie, quelquefois bronzée, brillante ; corselet noir, avec deux lignes dorsales de trois points ; élytres finement pointillées, pubescentes, bronzées.

S. **quisquiliarius**. Gyllenhal. **philonthus**. Gravenhorst. Long. 7 millim. Noir brillant, très lisse, un peu violeté ; les lignes dorsales composées de cinq points : le premier et le dernier éloignés des trois du milieu, qui sont très rapprochés.

5° genre.

ASTRAPOEUS. Quatre palpes terminées par un article plus grand, presque triangulaire.

A. ULMINEUS. Gravenhorst. Long. 14 millim. Noir luisant ; bouche et base des antennes fauves ; élytres rougeâtres, parsemées de quelques points épars.

6° genre.

XANTHOLINUS. Prothorax parallélogramme ; tête longitudinale ou en carré long, séparée du prothorax par un long intervalle ; corps étroit, linéaire.

X. OCHRACEUS. Gravenhorst. Long. 3 millim. Noir ; tête légèrement bronzée, couverte de beaucoup de points épars ; corselet noir bronzé avec des points épars, excepté dans le milieu, qui est très lisse ; élytres un peu pubescentes, avec les angles postérieurs jaunes testacés ; antennes et pattes bronzées.

X. FULGIDUS. Gravenhorst. STAPHYLINUS. Latr. Pœderus. Fab. Long. 11 millim. Noir luisant ; élytres et tarses fauves ; quatre lignes de points sur le corselet ; la tête couverte de points enfoncés avec deux petites lignes obliques, faisant un V à sa partie antérieure.

X. PYROPTERUS. Gravenhorst. STAPHYLINUS. Latr. Long. 10 millim. Noir et luisant, filiforme ; tête grande, marquée de stries et de points profonds ; corselet très uni, avec une ligne oblique de points partant de chaque angle antérieur ; tarses, antennes et élytres fauves ; ces dernières ponctuées longitudinalement sur les côtés et près de la suture.

X. GLABRATUS. Gravenhorst. Long. 11 millim. Noir brillant ; tête longue, lisse au milieu, couverte de points autour du disque ; deux lignes dorsales de points enfoncés sur un corselet très noir et brillant ; élytres d'une belle couleur fauve, testacée, couvertes d'une ponctuation serrée.

7° genre.

SAURIODES, σαυρος, lézard, ειδος, ressemble.

Le mâle a le sixième segment de l'abdomen légèrement émarginé en dessous, et la femelle l'a distinctement arrondi.

S. FULMINANS. Gravenhorst. STAPHYLINUS. Lat. Long. 9 millim. Brun foncé, presque noir brillant ; corselet très lisse ; antennes, élytres et pattes fauves. Dans la mousse.

8ᵉ genre.

ACHENIUM. Le cinquième article des tarses très développé ; corps aplati, labre étroit ; mandibules courtes. Le mâle a le sixième segment abdominal très incisé.

A. CORDATUM. Tête allongée triangulaire ; corselet aplati, taillé carrément à sa partie antérieure, arrondi en arrière, très finement pointillé ; élytres noires en avant, rougeâtres en arrière et sur ses bords externes ; antennes et pattes rougeâtres.

9ᵉ genre.

LATROBIUM. Palpes filiformes, antennes insérées au-devant des yeux près de la base externe des mandibules ; corselet carré à bords postérieurs droits et séparé des élytres par un étranglement.

Ces insectes se trouvent sous les pierres, dans le fumier ; leur corps est souvent aplati, mais moins que dans le genre précédent.

L. BRUNNIPES. Latr. Long. 8 millim. Noir ; tête, corselet et élytres couverts d'une ponctuation fine, serrée, assez régulière ; antennes et pattes fauves ; élytres un peu plus brunes.

L. MULTIPUNCTATUM. Dej. Long. 9 millim. Tête et corselet très finement ponctués ; la partie moyenne des élytres tachée de fauve.

L. ELONGATUM. Latr. Long. 10 millim. Noir brillant ; tête orbiculaire ; corselet ponctué, lisse au milieu ; élytres et pattes fauves testacées.

L. PILOSUM. Latr. Long. 4 millim. Filiforme, noirâtre luisant ; antennes et pattes brunes.

10ᵉ genre.

POEDERUS. Tête et corselet arrondis, globuleux, à palpes

renflés ; antennes grossissant insensiblement ; mandibules peu saillantes, dentées au côté intérieur.

Ces insectes sont de taille moyenne ou petite, leurs caractères génériques sont faciles à saisir ; en outre, aucun d'eux n'est noirâtre, comme le plus grand nombre des espèces de la même famille ; au contraire , ils présentent des couleurs vives et brillantes, telles que le rouge, le bleu plus ou moins foncé, le verdâtre et le noir.

On trouve ces insectes sur le bord des rivières.

P. RIPARIUS. Fab. Long. 7 millim. Très étroit, fort allongé , avec la tête , les deux derniers segments de l'abdomen et les genoux noirs ; le corselet, les cinq premiers segments de l'abdomen et les pattes fauves ; les élytres bleues. Hab. dans le sable humide et sous les pierres. CC.

P. LITTORALIS. Gravenhorst. Il ressemble tellement au précédent , que ce n'est probablement qu'une variété un peu plus forte.

P. RUFICOLLIS. Latr. Long. 7 millim. Noir bleuâtre ; corselet brillant arrondi , ovoïde, convexe, fauve , un peu jaunâtre ; abdomen avec des poils courts et gris, et deux points sur le dernier anneau.

11ᵉ genre.

LITOCHARIS. Ce genre a été fondé aux dépens des Pœdères. La couleur de la plupart de ces insectes est le testacé ou le ferrugineux.

L. TESTACÉA. Dej. Long. 4 millim. Corps petit , allongé , déprimé ; tête carrée, très rétrécie à la base, attachée au corselet par un col court ; labre large, transverse, à côtés membraneux ; mandibules falsiformes dentées ; élytres tronquées, fauves, testacées, de même que les pattes et les antennes.

12ᵉ genre.

STENUS. Fab. Στενός, étroit. Tête avec des yeux globuleux , plus large que le corselet ; antennes grossissant vers l'extrémité libre.

On trouve les Stènes sur le bord des rivières.

S. juno. Latr. Long. 7 millim. Bronzé ; corselet ponctué en saillies ; élytres rugueuses comme le corselet, avec une petite tache jaune ronde ; palpes et pattes rousses jaunâtres ; cuisses noires.

S. clavicornis. Latr. Long. 5 millim. Noir brun , filiforme ; antennes fauves, avec le premier article et l'extrémité noire.

S. kirbyi. Leach. Long. 7 millim. Le corselet , les élytres noirs bronzés et tout couverts de petits tubercules assez réguliers ; antennes et pattes noires.

S. biguttatus. Fab. Long. 6 millim. Noir bronzé ; corselet et élytres tuberculeux , avec une tache ronde jaune sur chacune des élytres ; palpes et pattes noires.

S. cicindeloïdes. Gravenhorst. Long. 6 millim. Noir; tête, corselet et élytres chagrinés; antennes fauves à extrémités noires ; pattes fauves claires ; articulations noires.

13ᵉ genre.

OXYPORUS. Fab. οξοπορος, qui traverse vite. Tête engagée dans le corselet, à yeux simples ; palpes renflés en croissant ; antennes grosses, perfoliées, comprimées ; mandibules très avancées.

O. rufus. Fab. Long. 9 millim. Tête noire , lisse et brillante ; mandibules fortes, recourbées, sans dents ; le corselet rouge, de même que les trois premiers segments de l'abdomen ; élytres rouges à leur partie antérieure , noire en arrière , ainsi que la suture ; antennes, palpes et pattes rouges.

On ne trouve cet insecte que dans les bolets.

14ᵉ genre.

OXYTELUS. Gravenhorst. οξος, aigu. τηλε, dard. Corps allongé , linéaire, ailé ; tête droite rétrécie à la base , attachée au corselet par un col court et très épais ; mandibules courtes peu proéminentes, bidentées à l'extrémité ; parfois la tête des mâles armée de cornes ; tibias épineux en dedans ; tarses à trois articles.

O. piceus. Gravenhorst. staphylinus. Fab. Long. 5 millim.

Noir peu brillant ; cinq enfoncements en zig-zag sur le corselet ; élytres et pattes roux jaunâtres.

O. CARINATUS. Gravenhorst. Long. 4 millim. Noir ; corselet avec plusieurs lignes comme le précédent ; élytres brunâtres et pattes plus claires.

On trouve les Oxytèles dans les bouses, les fumiers, les détritus organiques.

O. COELATUS. Latr. Long. 3 millim. Noir, corselet marqué de quatre fossettes, celles du milieu arquées ; élytres, antennes et pattes noirâtres.

O. DEPRESSUS. Gravenhorst. Long. à peine 2 millim. Noir mat ; quatre lignes élevées sur le corselet ; élytres noires veloutées ; antennes brunes ; pattes roux jaunâtre.

O. TRILOBUS. Gravenhorst. Long. 2 millim. Les yeux sont assez gros pour faire voir la tête trilobée ; un sillon longitudinal au milieu du corselet ; élytres brunes ; cuisses noires ; pattes pâles.

O. NITIDULUS. Gravenhorst. Latr. A peine 2 millim. Noir ; cinq lignes sur le corselet ; élytres d'un brun foncé ; pattes plus pâles.

O. INSECTATUS. Cet insecte, que j'ai trouvé à Rezé, avec M. de Marsolles, n'est décrit nulle part ; il est noir ; sur le corselet, il y a six lignes longitudinales assez régulières ; les élytres et les pattes rougeâtres.

15ᵉ genre.

OMALIUM. Grav. ομαλξω, j'aplatis. Antennes insérées devant les yeux , plus grosses à l'extrémité ; palpes filiformes ; mandibules courtes, mutiques ; tarses courts , égaux entre eux , non dilatés ; le cinquième égalant la longueur de tous les autres réunis ; très souvent les jambes épineuses.

O. RIVULARE. Latr. Long. 2 millim. Noir ; corselet couvert de stries irrégulières ; élytres et pattes fauves.

O. FLORALE. Latr. Long. 2 millim. Noir ; corselet lisse ; antennes, bouche et pattes fauves.

16° genre.

PROTEINUS. Latreille. Antennes insérées devant les yeux; plus grosses à l'extrémité; palpes terminées en alène, les maxillaires peu avancées; corselet plus large que long.

P. BRACHYPTERUS. Fab. OMALIUM. Gravenhorst. Long. à peine 2 millim. Légèrement pubescent; les élytres et le corselet noirs bruns, sont couverts d'un très grand nombre de points.

On le rencontre sur les fleurs.

17° genre.

BOLETOBIUS. Leach. Βολετης, champignon; ἔιος, vie. Insectes généralement petits, à corps grêle, recourbé, à élytres dépassant à peine les cuisses postérieures; tête et corselet très lisse, tibia épineux; tous les tarses de cinq articles allongés, grêles, légèrement dilatés dans les mâles.

Ces insectes habitent dans les bois, dans les bolets, la mousse, les feuilles pourries et quelquefois dans les bouses.

B. ATRICAPILLUS. Tête plus petite que le corselet, allongée, noire brune, antennes allant en grossissant jusqu'au dernier article, qui est un peu plus petit et d'une couleur plus claire; corselet lisse fauve plus étroit antérieurement; élytres noires avec deux points jaunes en avant; pattes de la couleur du corselet.

TACHINUS. Gravenhorst. ταχινοθ, vif. Corps oblong, convexe, presque tous ailés; tête très près du corselet; mandibules trigones un peu obtuses; antennes grossissant insensiblement; corselet plus large que long; élytres recouvrant plus de la moitié du corps.

Ces insectes et leurs larves vivent dans les végétaux en décomposition, les fumiers et les champignons.

T. SUBTERRANEUS. Latr. OXYPORUS. Fab. Long. 5 millim. Noir très brillant; une tache oblongue rougeâtre à la base de chaque élytre.

T. RUFIPES. Gravenhorst. Long. 5 millim. Noir brillant; corselet et élytres noirs; antennes et pattes brunes.

T. HUMERALIS. Gravenhorst. Latr. Noir luisant; élytres brunes;

premier article des antennes, les bords externes du corselet et les pattes fauves.

T. BIPUSTULATUS. Latr. OXYPORUS. Fab. Long. 5 millim. Noir luisant ; antennes et pattes roussâtres, ainsi qu'une tache à l'angle extérieur de la base des élytres.

T. MARGINELLUS. Latr. OXYPORUS. Fab. Long. 2 millim. Noir luisant ; antennes.

TACHYPORUS. Gravenhorst. ταχος, rapide ; περος, passage. Antennes filiformes de onze articles ; corselet ample, convexe transversalement appliqué sur la base des élytres, rétréci en avant, tronqué en arrière et à leur angle apical externe ; abdomen recourbé sur les bords ; tarses pubescents inférieurement, 4e article très petit. Ils habitent sous les mousses, les feuilles mortes.

T. CHRYSOMELNIUS. Latr. OXYPORUS. Fab. Long. 3 millim. Fauve luisant ; tête et pattes noires, ainsi que l'abdomen, la base et les bords latéraux des élytres.

T. MARGINATUS. Latr. OXYPORUS. Fab. Long. 2 millim. Noir luisant ; pattes et antennes rousses jaunâtres, ainsi que les côtés du corselet ; élytres fauves, bordées de noir au bord antérieur.

T. RUFUS. Gravenhorst. OXYPORUS. Fab. Long. 2 millim. Tête noire ; corselet et élytres rougeâtres brillants ; antennes noires ; pattes rouges testacées.

T. COLLARIS. Latr. Long. 4 millim. Brun luisant, soyeux ; pattes, bouche et antennes fauve, ainsi que les angles postérieurs du corselet, et une grande tache aux bords de la base extérieure des élytres. Hab. dans les celliers.

ALEOCHARA. Gravenhorst. ἀλέος, chaud ; χαίρω, je me plais. Antennes à nu à leur naissance, avec les trois premiers articles plus longs que les autres qui sont perfoliés, le dernier plus allongé et conique ; jambes mutiques ; cinq articles bien visibles aux tarses.

Ce sont des insectes de petite taille. Ils vivent le plus souvent dans les champignons ; on les trouve aussi sous les pierres ou les débris de végétaux ; ils courent très vite.

A. CANALICULATA. Fab. Long. 5 millim. Jaunâtre ; tête et bords de l'abdomen noirs ; corselet creusé en gouttières.

A. BOLETI. Linn. Long. 4 millim. Brunâtre ; élytres plus pâles ; pieds et antennes livides.

A. FUSCIPES. Latr. STAPHYLINUS. Fab. Long. 7 millim. Corselet noir, finement pointillé , pubescent, surtout à la base ; élytres rouges, pubescentes ; pattes brunes.

A. TRISTIS. Lat. Noir, brillant et pubescent.

A. HUMERALIS. Latr. MYRMEDONIA. Gravenhorst. Long. 7 millim. Brun , foncé et luisant ; élytres noires, avec une tache jaunâtre à la partie externe et antérieure ; pattes et base des antennes jaunes.

BOLITOCHARA. Mannerheim. βολιτης, champignon ; Χαρα choix. Corps déprimé, ailé ; tête bien distincte, arrondie, rétrécie à la base, plus étroite que le corselet ; mandibules mutiques placées sous le labre, celui-ci assez grand, large, un peu arrondi à l'extrémité ; antennes épaisses , presque de la même longueur que la tête.

B. NIGRICOLLIS. Tête et corselet noirs ; élytres jaunâtres tronquées à l'extrémité, à angle externe, sinué ; abdomen de la même largeur que les élytres.

FALAGRIA. Leach. Φαλαχρος, chauve. Insecte très petit , déprimé, ailé ; tête distincte, droite, orbiculaire, rétrécie à sa base ; mandibules mutiques.

F. LINEOLATA. Gravenhorst. Long. 1 millim. Corselet cordiforme ; noir lisse ; élytres légèrement sillonnées.

AUTALIA. Leach. Corselet non dilaté ni rebordé sur les côtés ; tête portée sur un pédoncule grêle.

A. IMPRESSA. G. Tête arrondie , noire et lisse , luisante ; corselet brun , profondément sillonné ; élytres rougeâtres avec deux impressions bien distinctes à leur partie antérieure.

ONZIÈME FAMILLE.

STERNOXES.

Στερνον, sternum ; οξος, pointu.

Elytres dures, couvrant l'abdomen ; corps allongé, aplati ; antennes en fil, souvent dentées, à corselet à pointes, ou sternum pointu.

PREMIÈRE TRIBU.

LES BUPRESTIDES.

Prosternum à saillie postérieure aplatie, non terminée en une pointe comprimée latéralement; corselet à angles postérieurs n'étant pas prolongé ou très peu ; palpes à dernier article cylindrique ou globuleux ; tarses à articles souvent larges ou dilatés garnis en dessous de pelottes. Insectes ne sautant point.

BUPRESTIS FLAVO-MACULATA. Blanch. PTOSIMA 9-MACULATA. Fabr. Serville. Dej. Long. 12 millim. Noir, violeté ; corselet convexe, finement pointillé ; élytres striées, ponctuées, avec trois taches allongées d'un beau jaune orange.

Ce bel insecte du Midi de la France, a été trouvé par M̄. Papin, à Chantenay, sur un pêcher. C'est de lui que je l'ai obtenu.

ANTHAXIA. Eschulscholtz. Les neuf derniers articles des antennes sont très peu dilatés seulement en dehors ; cuisses des mâles non renflées ; les couleurs semblables dans les deux sexes.

A. MANCA. Fab. Long. 9 millim. Tête et corselet cuivrés, avec deux bandes noires longitudinales sur le corselet ; élytres bronzées, légèrement pubescentes et finement pointillées ; antennes et pattes brunes.

Je l'ai trouvé à Ancenis, sur les hautes herbes.

AGRILUS. Megerle. Dernier article des palpes maxillaires ovalaires ; écusson très petit, tarses avec des pelottes sous les quatre premiers articles ; les crochets armés d'une dent ; corps allongé, linéaire.

A. CYANEUS. Latr. Long. 7 millim. Tête et corselet d'un vert bleuâtre ; élytres d'un bleu métallique.

On le trouve le plus souvant sur les vieilles écorces.

A. VIRIDIS. Dej. Buprestis. Latr. Long. 9 millim. Bronzé ; corselet avec trois petites lignes enfoncées à sa base ; élytres finement pointillées, dentées à leur extrémité. Hab. sur les saules.

A. ANGUSTULUS. Dej. BUPRESTIS. Latr. Long. 8 millim. Tête, corselet et élytres bonzés, brillants ; une ligne transversale semblant partager le corselet en deux parties, et, au-dessous de cette ligne, quelques petites sinuosités.

On trouve cet insecte sur les Chrysanthèmes et les Mille-pertuis.

TRACHYS. Fab. Corps raccourci, triangulaire.

T. PIGMÆA. Fab. Dej. BUPRESTIS. Latr. Long. 2 mill. Bronzé ; Tête et corselet cuivrés, brillants ; élytres bleues, finement pointillées. Hab. sur les fleurs.

T. MINUTA. Fab. Dej. BUPRESTIS. Latr. Long. 2 millim. Noir ; élytres ondulées, noirâtres, brillantes, avec quelques groupes de poils grisâtres. Hab. sur les fleurs, surtout les Ombellifères.

DEUXIÈME TRIBU.

LES ÉLATÉRIDES.

Le stylet postérieur de l'avant sternum, terminé en une pointe comprimée latéralement, s'enfonce à la volonté de l'animal dans une cavité de la poitrine, située immédiatement au-dessus de la naissance de la seconde paire de pattes, ce qui donne à ces insectes, placés sur le dos, la faculté de sauter. Les mandibules sont échancrées ou fendues à l'extrémité ; le dernier article des palpes, plus grand que les précédents, est triangulaire ou sécuriforme.

Ces insectes se trouvent sur les fleurs, les gazons ; à l'état de larve, ils s'enferment dans les feuilles des jeunes pousses d'osiers et les font drageonner, ce qui leur fait beaucoup de tort. Il faut lire Latreille sur la description du mécanisme qui les fait sauter.

SYNAPTUS. Eschulschotz. Lames au-dessous des tarses, une seule sous le troisième article ; crochets dentelés.

S. FILIFORMIS. Fab. Long. 11 millim. Il est entièrement couvert d'un duvet gris cendré ; dénué de ce duvet, la tête est brune, le corselet est un peu plus foncé ; les antennes, les pattes, et le bord inférieur des élytres sont d'un brun rougeâtre clair ; élytres striées et ponctuées.

ELATER. Linn. ελατερ, qui frappe. Antennes dentelées de onze articles ; corps étroit, allongé, aplati ; corselet terminé en arrière par deux pointes ; sternum reçu dans une cavité de la poitrine servant au saut ; point de sillons en dessous pour loger les antennes.

Le genre Elater (Taupin), conservé par la plupart des auteurs, a été partagé par Eschulschotz en plusieurs groupes, tels que les genres Limonius, Athous, Cryptohypnus, Cratonichus, Steatoderus, Dolopius, Adrastus, Ampedus, Drasterius, Agrypnus.

E. FERRUGINEUS. Latr. **STEATODERUS.** Esch. Long. 24 millim. Corselet ferrugineux, convexe, pointillé avec les pointes postérieures fortement prononcées ; élytres de la même couleur, mais plus claires, striées, ponctuées.

E. MURINUS. Latr. **AGRYPNUS.** Esch. Gris cendré ; antennes et tarses rougeâtres ; deux tubercules peu élevés sur le corselet. Hab. sur les hautes herbes.

E. OBSCURUS. Latr. **CRATONICHUS.** Dej. Long. 8 à 9 millim. Corselet noir mat, avec une ligne longitudinale à sa moitié postérieure ; élytres d'un vert foncé et striées ; antennes et pattes brunes.

E. NIGER. Latr. **CRATONICHUS.** Fab. Dej. Long. 14 millim. Noir brillant : corselet finement pointillé avec quelques poils épars ; élytres striées, ponctuées et pubescentes.

E. HOEMATODES. Latr. **LUDIUS.** Fab. Long. 12 millim. Antennes noires, élégamment pectinées ; corselet noir dans le mâle et rouge dans la femelle ; élytres rouges , striées, ponctuées , avec quatre lignes plus élevées ; antennes et pattes noires.

E. SANGUINEUS. Latr. AMPEDUS. Eschuls. Long. 14 millim. Antennes en scie ; corselet très noir et brillant ; élytres rouges striées , pattes noires et très courtes.

E. BRUNNEUS. Latr. CRATONYCHUS. Dej. Long. 14 millim. Tête , antennes et corselet noirs , ce dernier bordé de fauve en dessous ; élytres d'un brun ferrugineux.

E. 2-MACULATUS. Latr. DRASTRERIUS. Eschs. Long. 7 millim. Corps , tête , antennes et corselet noirs , brillants ; élytres striées , rouges , jaunâtres à la portion humérale , un point de la même couleur à la base , et deux lignes obliques à leur partie moyenne.

E. MARGINATUS. Lat. DOLOPIUS. Megerle. Fab. Long. 10 millim. Corps , tête et corselet noirs ; élytres testacées , bordées de noir.

E. LIMBATUS. Fab. Latr. ADRASTES. Eschsch. Long. 5 millim. Antennes filiformes , point en scie ; corselet noir , finement ponctué ; élytres testacées , striées; stries ponctuées , légèrement pubescentes ; suture et bords noirs.

E. PALLENS. Latr. ADRASTES. Esch. Long. 4 millim. Antennes filiformes , comme le précédent; corselet noir très lisse; élytres brunes , foncées , striées, ponctuées ; pattes testacées.

E. HUMERALIS. Latr. ADRASTES. Eschsch. Antennes filiformes ; brunes , noirâtres ; élytres striées , ponctuées, avec une tache jaune, oblongue à leur insertion.

E. CYLINDRICUS. Paykul. LIMONIUS. Esch. Tarses soyeux ; sternum aplati ; premier article des tarses un peu plus long que le suivant , étroit, convexe ; élytres et corselet pubescents ; élytres rouges vers le milieu.

E. NIGRIPES. Gyll. ATHOUS. Esch. Long. 10 millim. Ponctué, pubescent , noir , verdâtre et métallique ; cuisses noires, tarses moins foncés , crochets rougeâtres.

E. HIRTUS. Latr. ATHOUS. Esch. Long. 14 millim. Noir , très luisant , ponctué ; élytres striées , ponctuées , couvertes d'un duvet gris cendré, renflées et déprimées ensuite au quart antérieur de leur longueur ; écusson bombé ; tarses brunâtres.

E. VITTATUS. Fab. MARGINATUS. Oliv. ATHOUS VITTATUS. Esch. Long. 9 millim. Étroit ; corselet noir couvert d'un duvet gris cendré , très finement ponctué ; élytres striées ; stries, avec des points enfoncés, de couleur jaune, rougeâtre ; suture et bords extérieurs noirs ; antennes et pattes jaunes.

E. LONGICOLLIS. Fab. ATHOUS. Eschsch. Long. 11 millim. Ponctué , peu brillant , couvert d'un duvet gris cendré , rare ; tête et corselet noirs , ou à peu près ; élytres plus claires , quelquefois jaunes , d'autres fois , toutes noires ; corselet allongé , avec une ligne médiane longitudinale , plus enfoncée à son tiers postérieur.

E. HOEMORRHOÏDALIS. Fab. ATHOUS. Eschsch. Long. 10 millim. Ponctué , peu brillant , couvert d'un duvet gris cendré , rare ; tête et corselet presque noirs ; élytres brunes , striées , ponctuées ; bords inférieurs des élytres et pattes rougeâtres , quelquefois noires.

E. MINUTUS. Lat. CRYPTOHYPNUS. Esch. Long. 2 millim. Palpes sécuriformes ; écusson large et tronqué à la base ; très petit , noir brillant ; corselet lisse ; élytres striées.

E. QUADRAM. Lat. CRYPTOHYPNUS. Esch. Long. à peine 2 millim. Très petit ; corselet noir , lisse , convexe ; élytres bronzées , striées , plus claires à leur point d'insertion.

LUDIUS. Latr. Eschsch. Ce genre diffère des Elater par leur taille plus grande et plus large.

L. LATUS. Fab. Bombé, ponctué, vert bronzé, très brillant ; élytres striées , avec des petits points enfoncés ; antennes et palpes noires.

L. HOLOSERICEUS. Fab. Noir, couvert d'un duvet gris jaunâtre, avec 4 à 5 nébulosités noires sur les élytres ; pattes brunes , jambes et tarses rougeâtres ; élytres striées et très finement ponctuées.

AGRYPNUS. Esch. Elater. Fab. Les Agrypnus diffèrent des

Elater par les antennes, qui sont logées dans deux sillons creusés dans le thorax pendant le repos.

A. ATOMARIUS. Gill. Long. 18 millim. Corselet et élytres noirs veloutés, couverts de petites écailles presque blanches et brillantes ; une large dépression sur le corselet, qui se continue jusque sur les deux tiers postérieurs des élytres.

AGRIOTES. Esch. Elater. Fab. Latr. Antennes filiformes, composées d'articles cylindriques renflés à l'extrémité, et non en scie comme dans les Elater.

Ces insectes vivent à terre, la larve du Segetis cause, en Suède, de grands ravages, en rongeant les racines des céréales.

A. STRIATUS. Esch. Long. 9 millim. Tête et corselet noirs, très finement pointillés ; élytres jaunâtres, pubescentes ; antennes et pattes noires.

A. SPUTATOR. Fab. Long. 7 millim. Noir brun, couvert d'un duvet jaunâtre ; élytres moins soyeuses que le corselet, avec des stries ponctuées ; antennes et pattes brunes.

A. PILOSUS. Fab. Long. 14 millim. Brun foncé, couvert d'un duvet gris ; élytres striées, stries ponctuées ; pattes et antennes d'un brun rougeâtre.

A. GALLICUS. Blanc. Long. 5 millim. Petit, cylindrique, ponctué, couvert d'un duvet gris ; antennes et jambes ferrugineuses.

A. SEGETIS. Gyll. Long. 7 millim. Tête et corselet noirs, pointillés, couverts d'un duvet gris cendré de même que les élytres, qui sont un peu moins foncées, avec des stries de points enfoncés ; pattes et antennes d'un brun jaunâtre.

MALACODERMES.

Μαλακὸς, molle ; δερμος, peau.

Tête engagée dans le corselet ; poitrine non dilatée et avancée en avant en manière de mentonnière, et terminée en arrière en une pointe reçue dans une cavité du mésosternum ; corps le plus souvent en tout ou en partie d'une consistance molle et flexible.

Les insectes de cette famille se rencontrent sur les fleurs, les ombellifères surtout, les hautes herbes, jamais sous les pierres.

ATOPA. Fabricius. Dascylus. Latr. Antennes de onze articles ; palpes filiformes, le dernier article plus grand, cylindrique, obtus ; les trois premiers articles des tarses cordiformes, le quatrième bilobé, le dernier plus allongé, terminé par deux forts crochets ; tête avancée ; mandibules fortes ; mâchoires bifides ; corselet court, transversal ; écusson semi-circulaire ; élytres bombées ; corps ovale, allongé ; pattes moyennes ; ailés.

A. CERVINA. Jaune rougeâtre ; le corselet plus foncé que les élytres, dont les bords externes, à leur partie postérieure, sont transparents ; tout l'insecte est couvert d'un duvet soyeux jaunâtre.

Je ne l'ai trouvé qu'une fois à la Verrière, sur les feuilles de Nymphea.

CYPHON. Fab. Elodes. Latr. Ce genre ne renferme que des insectes de petite taille, de couleur sombre ou livide ; antennes filiformes ; tarses courts ; tête inclinée, petite ; yeux gros ; corselet convexe, arrondi latéralement ; élytres bombées, arrondies en arrière, molles.

C. PUBESCENS. Fab. Gyll. Long. 2 millim. Très finement ponctué, pubescent, livide, brillant ; élytres testacées ; pattes et base des antennes pâles.

C. PALLIDUS. Fab. Long. 4 millim. Tête, corselet et élytres jaunes, ponctués ; antennes longues, noires, excepté les deux premiers articles qui sont jaunes. Les Cyphons vivent dans les bois et les prairies humides.

SCYRTES. Latr. Cyphon. Fab. Ces insectes qui sont très petits, ne diffèrent des Cyphons que par leurs jambes postérieures, dont les cuisses sont fort grosses, renflées, terminées par une longue épine, ce qui leur donne la falculté de sauter.

S. HEMISPHERICUS. Panzer. Corps presque orbiculaire, noir

foncé, déprimé, finement pointillé. Hab. sur les plantes aquatiques. On les prend souvent pour des Altises.

LYGISTOPTERUS. Dej. Lycus. Latr. Antennes rapprochées à leur base ; palpes maxillaires, plus longs que les labiaux ; antennes comprimées.

L. SANGUINEUS. Dej. Long. 9 millim. Corselet noir au milieu, rouge sur les côtés ; élytres rouges ; antennes et pattes noires. Hab. sur les fleurs.

OMALISUS. Geoffroy. Ὁμαλιζω, j'aplatis. Ressemble beaucoup au genre précédent, mais la tête est moins allongée, le dernier article des palpes maxillaires est tronqué ; le second et le troisième article des antennes très courts.

O. SUTURALIS. Latr. Long. 7 millim. Tête, corps, antennes et pattes noirs ; élytres rouge obcur, noires à leur partie antérieure et à la suture, très finement ponctuées. Hab. sur les fleurs.

LAMPYRUS. Linnée. Corselet demi-circulaire, cachant la tête ; yeux très gros ; antennes courtes, filiformes, aplaties, variables, simples ou pectinées.

L. NOCTILUCA. Latr. Long. 12 millim. Noirâtre ; bord du corselet rougeâtre ; élytres brunes ; la femelle est aptère, le plus souvent noire, quelquefois brune, avec deux taches jaunes à la partie postérieure du corselet et une pareille sur les bords externes de chaque segment de l'abdomen ; ces taches sont très lumineuses pendant la nuit. C'est surtout au mois de septembre que l'on trouve les vers-luisants à terre, dans les haies.

L. HEMIPTERA. Latr. GEOPYRIS. Dej. Fab. Long. 4 millim. Noir, petit, allongé ; élytres courtes ; la femelle est aptère. Il est rare ; trouvé à Petit-Port.

CANTHARIS. Lin. THELEPHORUS. Schœffer. Latr. Τηλε, de loin ; φορος, apporté. Corselet carré, à angles arrondis, à bords presque toujours relevés ; antennes simples, très longues, écartées à leur base ; abdomen plissé latéralement en papilles.

On les trouve, au printemps, sur les fleurs des prairies, les ombellifères, etc.

C. **fusca**. Latr. Fab. **telephorus**. Schœffer. Long. 12 millim. Tête et corselet rougeâtres ; élytres noires ardoisées, pubescentes, molles ; pattes et antennes brunes, les deux premiers articles rouges.

C. **obscura**. Latr. **telephorus**. Sch. Long. 7 millim. Noire foncée ; corselet noir, bordé de rouge.

C. **thoracica**. Oliv. **telephorus**. Latr. Tête et élytres noires ; corselet, abdomen et pattes rouges.

C. **livida**. Fab. **telephorus**. Latr. Long. 12 millim. Jaune testacé, une ligne ou sillon longitudinal sur le corselet. Elle est très commune.

C. **melanura**. Fab. **telephorus**. Lat. Long. 10 millim. Antennes, yeux, extrémité des élytres et tarses noirs ; premier article des antennes et le reste du corps fauve.

C. **pallida**. Fab. **telephorus**. Latr. Schœf. Long. 8 millim. Antennes, tête, corselet, élytres et pattes rouge pâle, sans aucune tache. CC.

C. **lateralis**. Fab. **telephorus**. Latr. Long. 6 millim. Petit, noir ; corselet rouge ; élytres noires, pubescentes ; antennes noires, pattes rouges.

C. **dispar**. Fab. **telephorus**. Latr. Long. 10 millim. Corselet rouge , avec une tache triangulaire noire ; base des antennes rouge ; élytres noires, pubescentes ; les pattes rouges, mais les antérieures plus pâles ; abdomen de huit segments chez les mâles, le dernier plus petit, et de sept chez les femelles, le dernier plus grand.

C. **bicolor**. Fab. **telephorus**. Latr. Schœf. Long. 10 millim. Corselet testacé bordé de noir et deux taches noires au centre ; élytres et pattes rouges ; antennes brunes.

DRILUS. Oliv. Corselet aussi long que large , arrondi , non bordé ; antennes pectinées, tarses allongés ☿ tarses courts. ♀

D. **flavescens**. Fab. Long. 7 millim. Tête et corselet noirs ; élytres rouges, pubescentes ; antennes et pattes noires. Sur les fleurs, femelles aptères.

MALTHINUS. Latr. Schœnn. **telephorus**. Oliv. Tête rétrécie en arrière ; corselet convexe, carré ; élytres courtes, ne recouvrant que la moitié de l'abdomen et des ailes, qui sont pliées seulement dans leur longueur.

Insectes de petite taille que l'on trouve sur les plantes, les arbres, dans les bois, etc.

M. sanguinicollis. Schœnner. Long. 5 millim. Corselet rouge foncé ; élytres noires avec deux taches d'un beau jaune aux extrémités ; bords des segments abdominaux jaunes clairs ; antennes et pattes rougeâtres.

M. biguttulus. Payk. Long. 5 millim. Tête et corselet noirs, avec quelques taches testacées sur le corselet ; élytres rugueuses, testacées, obscures, avec deux taches jaunes aux extrémités ; jambes et tarses brunâtres.

MALACHIUS. Fab. μαλαχοϝ, mou. Corselet carré ; antennes à demi dentelées ; des vésicules rétractiles sortant du corselet et de la poitrine. Ces insectes sont petits et sont assez communs au mois de mai et de juin. Sur les fleurs et les hautes herbes des prairies.

M. œneus. Fabr. Long. 9 millim. Tête presque aussi large que le corselet, qui est aplati, rebordé ; écusson rond ; antennes noires ; élytres rouges, ou vert bronzé ; corselet légèrement pubescent.

M. bipustulatus. Latr. Long. 5 à 7 millim. Vert métallique, brillant sur tout le corselet dont les bords sont rouges et une tache jaune à l'extrémité des élytres.

M. marginellus. Latr. Long. 4 millim. Corselet vert bronzé avec un large bord d'une couleur rouge testacée ; élytres de la même couleur, quelquefois violetées, un peu rugueuses et légèrement pubescentes, et deux taches jaunes à leur extrémité.

M. pulicarius. Latr. Petit, noir ; corselet noir au milieu, rouge sur les bords ; élytres noires, rouges aux extrémités.

M. equestris. Latr. Très petit, vert bronzé ; élytres avec une large tache rougeâtre presque jaune s'étendant de la portion humérale presque jusqu'à la partie moyenne, et une pareille tache à l'extrémité.

M. fasciatus. Latr. Petit, noir bronzé avec une tache rouge

transversale à peu près vers la partie moyenne des élytres, et une autre à l'extrémité.

M. **pallipes**. Petit, noir brun, sans taches ; pattes noires, jambes jaunes pâles.

DASYTES. Payk. Δαϲύτης, poils follets, lainage. Corps velu ; élytres de la largeur du corselet ; tarses à premier article plus allongé , étroit, allongé, presque linéaire , mou. On les trouve sur les plantes, les fleurs. Ils contrefont le mort dès qu'on les touche.

D. **plumbeus**. Ol. Long. 3 millim. Noir, convexe, à peu près cylindrique, légèrement velu.

D. **coeruleus**. Fabr. Long. 7 millim. D'un beau bleu, violeté, pubescent ; antennes et pattes noires.

D. **ater**. Latr. Long. 7 millim. Noir luisant ; très velu, surtout le corselet ; tête rugueuse.

D. **oeneus**. Oliv. Long. 7 millim. Bronzé , brillant, quelquefois violeté, allongé, cylindrique, pubescent.

D. **nobilis**. Illiger. Long. 5 millim. D'un beau vert brillant ; le corselet surtout, qui, de même que les élytres, est finement granulé.

D. **villosus**. Hoffmansegg. Long. 4 millim. Vert bronzé brillant ; couvert d'un duvet court et gris.

TREIZIÈME FAMILLE.

LES TÉRÉDILES.

Τερηδον, vrille ; ὑλης, bois.

Elytres dures ; antennes en fil, grenues, les derniers articles plus développés et le dernier en cône ; corps arrondi , allongé , convexe.

Genres dont les caractères sont tirés de la forme des antennes, du corps, et en particulier du corselet.

TILLUS. Oliv. πιλλω, j'arrache. Trichodes. Fab. Corps arrondi ; corselet plus étroit en arrière que les élytres , recevant la tête dans un capuchon ; antennes grossissant insensiblement.

T. unifasciatus. Rossi. Long. 8 millim. Noir, avec la base des élytres rouges et une bande transverse jaune en arrière. Sous les écorces d'arbres.

T. oblongatus. Oliv. Long. 9 millim. Noir violeté, légèrement velu ; corselet d'un beau rouge ; élytres avec sept lignes de points enfoncés. R.

T. mutillarius. Latr. Long. 3 millim. Corselet noir ; antennes noires, mais les quatre articles du milieu plus clairs ; le tiers supérieur des élytres jaune, le reste rouge bronzé avec deux lignes transversales blanches, la première qui sépare la partie jaune de la partie rouge et l'autre plus inférieure, pubescente.

NOTOXUS. Schœffer. Dej. Antennes filiformes, renflées à l'extrémité ; palpes sécuriformes ; tête arrondie ; yeux saillants ; corselet allongé, rétréci en arrière ; écusson à peine visible.

Ces insectes sont ailés ; on les trouve sous les écorces. Quelques auteurs ont nommé Notoxe le Monocerus de Dejean, qui est un insecte tout différent, de la famille des Trachélides.

N. mollis. Fab. Oliv. Long. 10 millim. Tête brune, corselet plus étroit en arrière ; élytres rougeâtres avec trois taches jaunâtres, une humérale, une moyenne et une à l'extrémité ; antennes et tarses rougeâtres.

TRICHODES. Fab. Clerus. Latr. Boitard, Dumerill. Tête large : corselet allongé plus étroit que les élytres ; élytres étroites recouvrant entièrement l'abdomen ; cuisses postérieures renflées dans les mâles.

Ces insectes en général, pourvus d'assez brillantes couleurs et couverts de poils et de duvet, se rencontrent sur les fleurs, les ombellifères ; leurs larves se nourrissent de celles des hyménoptères.

T. alvearius. Tête enfoncée dans le corselet ; penchée ; corselet noir ; élytres rouges, brillantes, avec trois bandes bleues denticulées se réunissant à la suture, qui est de la même couleur.

T. apiarius. Fab. clerus. Latr. 14 millim. Il ressemble beaucoup au précédent ; mais il est un peu moins grand, moins velu et le fond des élytres moins foncé.

CLERUS. Geoff. THANASIMUS. Latr. Corselet rétréci en arrière non rebordé ; antennes en massue de trois articles.

C. FORMICARIUS. Fab. Oliv. Tête noire, velue ; corselet rouge en cœur, rétréci postérieurement ; élytres rousses, à la partie humérale, cette partie, séparée d'une partie moyenne très-noire, par une bande blanche et une bande blanche plus en arrière et plus large que la première.

C. QUADRIMACULATUS. Latr. THANASIMUS. Dej. Long. 4 millim. Noir pubescent ; base des antennes, tarses et corselet rouges ; élytres striées, ponctuées et deux taches blanches sur chacune. RR.

NECROBIA. Latr. νεκρος, mort ; ϐιος, la vie. Corynetes. Fab. Corselet rétréci en arrière comme rebordé ; antennes grossissant insensiblement ; massue des antennes courtes, le dernier article très élargi. Quelques entomologistes ont fait deux genres des Necrobia et des Corynètes, basée seulement sur leur genre de vie ; les Necrobia, disent-ils, vivent sur les corps en putréfaction, et les Corynètes sur les écorces. Mais ils ont tant de rapport, que nous ne conserverons que le genre Necrobia de Latreille.

N. RUFICOLLIS. Latr. Corynetes. Fabr. Long. 6 millim. Corselet, poitrine et pattes rouges ; élytres violettes ; tout le corps est pointillé et velu ; les élytres offrent en outre plusieurs stries formées de gros points.

Je l'ai trouvé en assez grande quantité à Chantenay, dans les engrais de poissons fabriqués par M. Moride.

M. Audouer nous parlait souvent de l'intérêt que les naturalistes devaient attacher à cet insecte, car il avait en 93 sauvé la vie à son illustre ami l'abbé Latreille. Enfermé dans la prison du grand séminaire de Bordeaux, avec plusieurs autres ecclésiastiques qui comme lui n'avaient pas voulu prêter serment ; ils devaient sous peu être transportés à la Guyanne ; un jeune médecin venait chaque jour soigner un vieil évêque malade. Pendant une de ces visites, M. Latreille vit un insecte courir sur le plancher, il le prit, l'examina avec tant d'attention que le médecin lui dit : « Cet insecte est donc bien rare, puisqu'il vous intéresse si vivement. » « Oui, lui dit l'ecclésiastique, car je ne le connais pas ! » « Eh ! bien, donnez-le moi, je le montrerai à M. Bory de St-Vincent, qui a une fort belle collection, peutêtre pourra-t-il vous le nommer. » Le lendemain, le médecin rapporta l'insecte en lui disant qu'il était nouveau et qu'il n'avait jamais été décrit. Eh bien, dit M. Latreille, portez-lui de ma part et dites-lui que c'est le pauvre abbé Latreille, qui va mourir à la Guyane, avant d'avoir fini son ouvrage sur les genres de Fabricius. (1). A ce nom, déjà si connu, M. Bory de St-Vincent, à force de soins et de démarches, parvint à faire rayer M. Latreille de la liste des déportés. Résultat providentiel, car le navire qui transportait les malheureux ecclésiastiques, toucha sur l'écueil de Monrevel, vis-à-vis Cordouan, sombra et tout périt. C'est pour cela que le savant entomologiste lui donna le nom de *Necrobia*, de νεκρος, mort, ϐιος, la vie ; qu'il traduit ainsi : la vie du mort, et non pas, comme quelques entomologistes l'ont pensé : qui vit sur les cadavres.

N. RUFIPES. Latr. CORYNETES. Fab. Long. 5 millim. Corselet vert foncé, pointillé, velu ; élytres violettes, ponctuées, velues ; pattes rouges. Hab. à Chantenay.

N. VIOLACEUS. Latr. CORYNETES. Fabr. Long. 5 millim. Entièrement violet, ponctué, velu.

N. CHALYBOEUS. Latr. CORYNETES. Enoch. Long. 5 millim. Même caractère, mais on en a fait une division à part, parce que on la trouve dans les maisons où elle vit dans le vieux bois à l'état de larve.

LYMEXYLON. Fabricius. λιμη, perte, ruine ; ξίλον, bois. Corps allongé et étroit ; yeux très gros ; corselet cylindrique ; tête penchée ; élytres molles ; l'abdomen dans les femelles dépasse de beaucoup les élytres, et ses derniers anneaux peuvent former une tarrière par leur allongement ; les pattes sont minces ; les tarses filiformes, avec les articles des tarses entiers ; les larves sont très longues, menues : elles vivent dans le bois

---

(1) Voir Chenu, page 276, pour tous les détails de cette intéressante anecdote.

de chêne. Leur multiplication dans les magasins de bois de la marine, a souvent donné de vives inquiétudes.

L. NAVALE. Oliv. Long. 12 à 14 millim. Fauve ; tête noire, avec le bord de l'extrémité des élytres enfumé. M. Batard l'a trouvé à Nantes dans un chantier de bois, à Pont-Rousseau.

DORCATOMA. Herbst Fabr. Latr. DERMESTES. Panzer. Antennes de neuf articles, les trois derniers dentés en scie ; tarses filiformes, articles serrés ; tête cachée sous le corselet ; corps petit, globuleux.

Les insectes de ce genre vivent dans les Agarics et le vieux bois.

D. DRESDENSE. Fabr. Long. 2 millim. Rond, convexe, noir, pubescent, ponctué. Je l'ai trouvé une seule fois dans un polypère desséché.

ANOBIUM. Fabr. ανα, de rechef ; ϐιοω, je vis. Tête enfoncée dans le corselet ; palpes filiformes, courtes ; mandibules tridentées à l'extrémité ; antennes filiformes, insérées près des yeux, de 15 articles ; corselet court, bombé ; écusson petit ; élytres convexes, allongées ; tarses filiformes.

Ces insectes portent vulgairement le nom de Vrillettes, parce que, à l'état de larves, ils percent le bois et y font des trous, comme pourrait le faire une petite vrille.

Leur nom d'Anobium leur vient d'une facilité qu'ils ont de faire le mort aussitôt qu'on les touche, et de rester dans cet état pendant des heures entières. A l'état parfait, ce sont ces insectes qui, dans les grandes chaleurs, font entendre ce petit bruit monotone qui leur a fait donner le nom d'horloge de la mort. C'est au moyen de ce bruit qu'ils produisent par le frottement de la tête sur le corselet, que le mâle appelle sa femelle.

A. TESSELLATUM. Latr. Long. 4 millim. Gris brun, avec des taches un peu plus claires, formées par un duvet gris cendré ; corselet peu élevé ; élytres sub-striées.

A. STRIATUM. Fabr. A. PERTINAX. Latr. Long. de 3 millim. Brun pubescent ; le corselet avec cinq enfoncements, deux aux bords latéraux, deux près de l'écusson et un au milieu, le bord postérieur avec des poils jaunes ; stries ponctuées sur les élytres.

A. ABIETIS. Fab. Long. 3 millim. Pubescent, finement ponctué brun, rougeâtre, clair.

En 1857, il était malheureusement très abondant au Jardin des plantes, car il dévorait les jeunes pousses des pins de la petite colline.

A. PANICEUM. Latr. Long. 2 millim. Petite, fauve, marron clair ; corselet peu élevé ; stries pointillées sur les élytres.

On le trouve souvent dans la farine.

A. CASTANEUM. Latr. brun marron ; corselet convexe ; stries pointillées sur les élytres.

HEDOBIA. Zieg. εδω, je ronge ; βιος, vie. Antennes un peu dentées en scie, écartées à leur base ; tarses courts, larges, aplatis, composés d'articles cordiformes, à crochets petits, cachés.

Pendant longtemps, les Hedobia ont fait partie du genre Ptinus, mais on les a séparés parce que les premiers sont ailés ; ce qui est très rare dans les Ptines.

H. IMPERIALES. Linnée, PTINUS. Latr. Long. 14 millim. Joli insecte dont le fond est brun, orné de poils roux, et qui présente sur chaque élytre une bande sinueuse, presque en forme d'S, produite par des poils blancs. Il se trouve dans le bois : il a été trouvé à Nantes par M. Batard.

H. PUBESCENS. Fabr. PTINUS. Latr. Long. 1 millim. 1/2. Pubescent, marron ; corselet bombé ; élytres striées, pointillées ; antennes et pattes noires.

PTINUS. Linnée. Corps cylindrique ; corselet un peu bossu, en capuchon, plus étroit en arrière ; antennes simples, presque aussi longues que tout l'insecte.

Ces insectes vivent dans le bois sec et les substances animales desséchées ; on les trouve quelquefois dans les collections d'histoire naturelle.

P. FUR. Latr. Long. 3 millim. Brun, couvert d'un duvet gris blanc à la partie humérale des élytres, qui sont striées, ponctuées ; quatre dents sur le corselet , dont les deux du milieu sont couvertes de poils jaunes qui simulent deux petits plumets inclinés en arrière ; écusson couvert de poils blancs.

P. BIDENS. Latr. Brun testacé ; élytres striées, ponctuées ; corselet avec deux dents couvertes de poils.

P. SULSICOLLIS. Il a beaucoup de rapport avec le précédent ; mais la partie postérieure du corselet est sillonnée transversalement.

GIBBIUM. Fabricius de Gibbus. Bossus. Tête inclinée ; palpes filiformes ; antennes insérées près des yeux , très rapprochées à la base ; corselet court transversal ; élytres convexes, soudées, embrassant l'abdomen ; pattes fortes , les postérieures assez grandes ; cuisses terminées en massue ; jambes postérieures arquées.

Insectes de très petite taille, car ils n'atteignent pas plus de 2 millim.; ayant un peu le faciès d'une araignée. Ils vivent dans les vieilles fourrures abandonnées, les vieux papiers et les collections d'insectes, etc.

G. SCOTIAS. Latr. PTINUS. Fab. Corps globuleux , noir; élytres très lisses se repliant sous le dessous du corps ; antennes et pattes jaunâtres, velues.

SCYDMOENUS. Latreille. Σκυδμαινω, je m'irrite. Antennes de onze articles, insérées au-devant des yeux , les premiers articles ovales globuleux , les trois derniers beaucoup plus gros ; palpes maxillaires de quatre articles ; tête globuleuse ; écusson petit , à peine visible ; élytres ovales, soudées.

Ces insectes, dont les habitudes sont peu connues, à cause de leur petite taille , vivent sous les pierres, les écorces.

S. HELLWIGII. Fab. Noir brun ; un peu pubescent ; corselet ovale allongé ; tête noire, très-distincte ; pattes noires, longues.

S. HIRTICOLLIS. Illig. A peine 1 millim. Ressemble au précédent , mais le corselet est très velu.

QUATORZIÈME FAMILLE.

LES   CLAVICORNES.

Élytres dures ; antennes terminées par une masse souvent allongée , à articles comme perforés ou perfoliés.

NECROPHORUS. Fab. νεκρος, cadavre; φορω, je porte; νεκροφορος, porte-mort. Corps aplati ; élytres plus courtes que le corps ; antennes en masse globuleuse ou en bouton, à articles perfoliés ; tarses antérieurs larges et garnis de houppes.

Les Nécrophores ont l'odorat des plus subtils ; ils parcourent l'espace d'un vol rapide pour saisir , sous le vent , la trace de quelques taupes , souris , mulots , etc. , morts récemment. Alors , au nombre de quatre ou cinq , ils se mettent à fouiller et remuer la terre jusqu'à ce que le petit animal soit entièrement enterré et enfoui à une profondeur de plus de trente centimètres , ce qui exige un travail de près de vingt-quatre heures. Ils dévorent le cadavre , les femelles y déposent leurs œufs , qui se développent bientôt en larves. Ces larves sont blanches , un peu grises ; leur corps est composé de douze anneaux , garnis antérieurement d'une petite plaque écailleuse d'un brun ferrugineux ; les plaques des derniers anneaux sont munies de petites pointes élevées ; leur tête est dure , brune , écailleuse , garnie de mandibules fortes et tranchantes ; elles ont six pattes écailleuses très courtes attachées aux trois premiers anneaux du corps. Quand ces larves ont acquis tout leur accroissement , elles se construisent une loge ovalaire qu'elles enduisent d'une matière gluante , qui durcit bientôt , et dans laquelle elles se transforment en nymphes. Un mois après environ , l'insecte parfait en sort , va reproduire son espèce et mourir.

Les espèces que l'on trouve en France sont souvent couvertes d'acarus et exhalent une odeur désagréable , qui a quelque analogie avec le musc.

N. GERMANICUS. Latr. Long. 26 millim. Noir, une tache roussâtre sur la lèvre supérieure et sur le bord des élytres; corselet arrondi , lisse , à bords relevés ; élytres finement pointillées ; écusson triangulaire ; antennes d'un blanc gris.

Cette espèce travaille souvent seule pour enterrer sa proie.

N. vespillo. Latr. Noir, avec deux bandes rouges jaunâtres sur les élytres ; antennes jaunâtres.

N. mortuorum. Ne diffère du précédent que par les antennes, qui sont noires. Celui-ci vit plus particulièrement sur les agarics.

N. humator. Latr. Il est une fois plus petit que le Germanicus, et il n'en diffère que par les antennes, qui sont entièrement noires, et qu'il n'a point de taches sur la lèvre ni au bord des élytres.

NECRODES. Wilkin. Corps oblong ; corselet orbiculaire ; élytres très obtuses, tronquées à l'extrémité.

Confondus autrefois avec les Silphes, les Necrodes s'en distinguent particulièrement par la grandeur de leurs pattes postérieures et les cuisses renflées dans les mâles.

N. littoralis. Dej. silpha. Latr. Noir ; antennes ayant les trois derniers articles fauves, ferrugineux ; élytres ayant cinq lignes élevées avec une petite ligne transversale entre la seconde et la troisième.

Je l'ai trouvé, en assez grand nombre, sur des poissons morts, dans la vallée de Bouguenais. Juillet.

SILPHA. Linnée. Corps ovale ; corselet tranversal ; élytres couvrant entièrement l'abdomen et même le dépassant ; antennes terminées par trois articles en massue perfoliée. Ils vivent tous sur les corps morts ; mais ils ne les enterrent pas.

S. thoracica. Latr. Long. 15 millim. Corselet large, échancré en avant, d'une couleur rouge, ferrugineux, parsemé de points noirs ; deux lignes longitudinales sur les élytres, et une plus extérieure élevée en carène, et qui se termine avant le tiers postérieur.

S. sinuata. Latr. Long. 10 millim. Noir ; tête couverte d'un duvet jaune ; corselet raboteux, avec des poils plus bruns que ceux de la tête ; écusson velu ; trois lignes élevées sur les élytres, avec une bosse transversale entre la première et la seconde.

S. rugosa. Latr. Long. 11 millim. Semblable au précédent, mais les intervalles des stries élevées sur les élytres sont remplies de rides transversales.

S. 4-punctata. Latr. Long. 14 millim. Corselet échancré en avant, noir au milieu, jaune fauve sur les bords; élytres jaunes pointillées, avec trois stries peu élevées et deux taches noires sur chacune; écusson triangulaire, noir.

S. granulata. Latr. Long. 14 millim. Noir, finement pointillé, surtout sur les bords; élytres avec trois lignes élevées, et deux lignes de points dans chaque intervalle sur le bord des lignes.

S. atrata. Latr. Long. 12 millim. Noir, brillant; corselet et élytres ponctués, ces dernières avec trois lignes élevées, d'autant plus longues qu'elles s'approchent de la suture.

S. obscura. Latr. Long. 16 millim. Ressemble à l'espèce précédente, mais le noir est mat, les points enfoncés sont plus fins et plus serrés, les lignes longitudinales moins élevées, et quelquefois peu apparentes.

L. loevigata. Latr. Long. 14 millim. Noir presque mat; très finement ponctué, et sur les élytres on aperçoit à peine quelque trace de lignes longitudinales.

S. reticulata. Latr. Il ressemble tellement au Rugosa qu'il n'en est peut-être qu'une variété un peu plus grande.

SCAPHIDIUM. Oliv. Σκαφη, bateau; ιδεα, forme. Corps ovale à extrémités pointues; masse des antennes fort allongée; de cinq articles très distincts; en grande partie hémisphériques ou globuleux; élytres tronquées.

Ce sont des Coléoptères de petite taille, de forme ovale, de couleur foncée, quelquefois ornés de taches rouges. La larve et l'insecte parfait vivent surtout dans les champignons et dans les détritus humides de bois.

S. 4-maculatum. Fab. Latr. Noir, lisse, brillant; corselet orné en arrière d'une ligne de points enfoncés; élytres noires, finement pointillées, ornées à la partie antérieure d'une ligne de points bien plus marquée, et qui se prolonge le long de la suture; une tache rouge claire à la partie humérale et une autre en arrière.

S. **immaculatum.** Latr. Noir luisant, sans tache sur les élytres, mais des lignes de points enfoncés, les unes longitudinales et d'autres légèrement obliques.

CATOPS. Fab. Κατα, dessous; ωψ, œil. Choleva. Lat. Palpes brusquement terminées en alène; antennes en massue très allongée ; corps ovale, convexe en-dessus.

Les Catops sont des insectes de petite taille et de couleurs foncées et très peu variées ; ils sont très vifs, nocturnes et vivent dans les champignons, sous les bûches humides dans les caves. J'en ai trouvé sous des taupes mortes.

C. **rufescens.** Fab. **choleva.** Lat. Long. 4 millim. Noir ; pattes grises ; élytres de la même couleur, à peine striées.

C. **morio.** Fab. **choleva.** Latr. Long. 4 millim. Ovale, très convexe ; brun foncé velouté ; sans stries ; base des antennes et pattes grises.

C. **truncatus.** Fab. **choleva sericea.** Latr. Très petit, allongé, brun noir, couvert d'un léger duvet qui lui donne une apparence irrisée.

STRONGYLUS. Herbst. Σρογγυλος, arrondi. Antennes à massue assez courtes ; à premier article renflé, ceux de la massue peu comprimés ; menton échancré ; corselet à côtés non aplatis, les angles antérieurs arrondis, ne dépassant pas les yeux, les postérieurs un peu prolongés en arrière; sternum caréné.

Les Strongylus vivent dans les lycoperdons, où leurs larves subissent leurs métamorphoses. Je l'ai trouvé dans le lycoperdon bovista.

S. **strigatus.** Oliv. Long. 3 millim. Brun noir, ovale ; bord du corselet et des élytres jaunes, et des lignes ondulées de la même couleur au tiers inférieur des élytres.

NITIDULA. Fab. **nitidus.** Brillant ; corps aplati ; à élytres couvrant l'abdomen et le recouvrant ; antennes en massue, de deux ou trois articles.

Les Nitidules sont des insectes de petite taille, qui vivent sur les fleurs, les champignons, sous les écorces des arbres malades et quelquefois aussi dans les matières animales en décomposition.

N. varia. Latr. Long. 2 millim. Tête noire ; antennes brunes ; corselet rugueux, taché irrégulièrement de noir et de ferrugineux ; élytres striées avec des taches ferrugineuses irrégulières, mais une transversale plus marquée au tiers postérieur.

N. discoïdea. Oliv. Latr. Long. 2 millim. Noir ; devant de la tête, antennes, bords du corselet rougeâtre ; une tache jaune occupe les deux tiers antérieurs des élytres, et une autre petite tache à l'extrémité.

N. colon. Oliv. Latr. Long. 2 millim. Noir, bord antérieur de la tête et bords latéraux du corselet jaunes ; de nombreuses taches jaunes sur les élytres ; pattes rougeâtres.

N. oestiva. Latr. Ovale, déprimée, brune, un peu pubescente ; pattes rougeâtres.

N. convexa. Oliv. Noire, convexe, arrondie ; élytres légèrement pointillées, pubescentes, ne couvrant pas entièrement l'abdomen, tronquées.

N. oenea. Latr. Long. 2 millim. Vert bronzé ou bleuâtre ; élytres finement pointillées ; pattes noires.

N. rufipes. Latr. Long. 3 millim. Noir bleuâtre, convexe, lisse et brillante ; pattes rougeâtres.

N. sordida. Latr. Long. 3 millim. Corselet rugueux, avec les bords relevés en carène ; les deux tiers antérieurs des élytres fauves, parsemées de taches noires, extrémités noires.

N. bipustulata. Latr. Long. 3 millim. Noir bronzé ; corselet très finement pointillé, avac les bords relevés en carène ; élytres lisses, tronquées, avec une tache ronde, rouge sur chacune.

N. dulcamaroe. Illiger. Long. 1 millim. 1/2. Très petite, allongée, jaunâtre, pubescente ; pattes rougeâtres.

N. atra. Latr. Allongée, petite, noire, lisse et luisante ; corps peu convexe ; antennes et pattes fauves.

CERCUS. Latr. Antennes à deux premiers articles à peu près de la même longueur ; la massue allongée, conique, en forme de poire ; corps déprimé ; élytres tronquées.

Ces insectes sont très voisins des Nitidules, ne se rencontrent que sur les fleurs, sont de petite taille, et se font surtout remarquer par leurs élytres qui, courtes, ne recouvrent pas entièrement l'abdomen, ce qui leur donne quelque rapport avec les Staphyliniens.

C. URTICÆ. Fabr. Long. 2 millim. Noir, bronzé, pointillé ; corselet arrondi en arrière ; antennes et pattes rouges.

C. BRACHYPTERUS. Oliv. Pour la grandeur, la couleur, il a beaucoup de rapport avec le précédent, mais les élytres sont plus courtes.

BYTURUS. Latreille. Antennes ayant le deuxième article plus grand que le troisième ; massue des antennes oblongues ; palpes filiformes, un peu renflés à l'extrémité ; corselet trapézoïde ; élytres recouvrant entièrement l'abdomen, arrondies à l'extrémité ; corps oblong, convexe ; jambes longues, grêles, presque linéaires. L'insecte parfait vit sur les fleurs, mais sa larve, qui est petite et blanchâtre, fait de grands ravages dans les plantations de framboisiers.

B. TOMENTOSUS. Fab. Oliv. Long. 3 millim. Velu, jaune, allongé ; pattes très-pâles.

ENGIS. Fab. Dachné. Latr. Corps épais, convexe ; massue des antennes ovale ou presque ronde, aplatie et formée d'articles serrés.

E. RUFIFRONS. Fabr. Panz. Corps allongé, noir, brillant, ponctué, un point rougeâtre sur la partie antérieure des élytres ; antennes et pattes de la même couleur.

CRYPTOPHAGUS, Herbst. Latr. Schonn. κρυπτος, caché ; φαγω, je mange. Corps ovalaire ; tête un peu avancée ; antennes terminées par une massue perfoliée de trois articles ; quatrième article des tarses très petit.

Ces insectes sont très petits, ils vivent dans les bois, sous les écorces et dans nos maisons.

C. **lycoperdi**. Gillenhal. Fab. Ovale, allongé. Long. 3 millim. Pubescent, ponctué; corselet noir; élytres d'un bronze foncé; pattes jaunes, pâles.

C. **cellaris**. Fabr. Oblong, pubescent; jaunâtre, quelquefois brun foncé; corselet bidenté, crénelé en arrière.

C. **mesomelas**. Payk. Long. 1 millim. Ovale, convexe, pubescent; élytres noirâtres, plus foncées à la base; pattes brunes.

C. **caricis**. Fab. Long. 2 millim. Noir, pubescent, légèrement ponctué; corselet bidenté; pattes noires.

C. **nigripennis**. Payk. C. **ruficollis**. Fab. Long. 1 millim. Très petit, convexe; corselet convexe, brun rouge; élytres noires, brillantes, ponctuées irrégulièrement; pattes fauves.

C. **hirtus**. Gillen. Long. 1 millim. Ovale, velu, brun foncé; corselet convexe, ponctué, avec une petite strie au bord postérieur; élytres convexes, striées, ponctuées; pattes glabres.

PTILIUM. Gill. Latridius. Herbst. Ce genre contient les plus petits coléoptères connus. Ils sont très agiles, volent parfaitement à l'aide de grandes ailes; leur corps est orbiculaire; antennes grandes, à articles minces, terminées par une massue de trois articles plus gros.

P. **fasciculare**. Fab. Gillen. Latridius. Herbst. Long. à peine d'un tiers de millim. Noir, couvert de points enfoncés; pattes fauves pâles.

Je l'ai trouvé à Couëron, dans des bouses sèches, au moyen d'une boîte à sasser.

DERMESTES. Linn. Δερμα, la peau; ἐστῶ, je dévore. Antennes en massue, perfoliées, plus longues que la tête; corps déprimé, ovale; pattes propres à marcher.

Si les Dermestes, de même que les Silpha et les Nécrophores se bornaient à dévorer les cadavres, ce serait d'une utilité incontestable dans l'économie de la nature qui les a destinés à faire disparaître de la surface de la terre les matières animales en putréfaction; mais leur voracité en fait un véritable fléau pour l'homme.

Le Dermestes lardarius dévore les viandes sèches que nous conservons dans nos maisons, le lard, dans les charcuteries mal tenues, conjointement avec le Vulpinus. Ils sont redoutables aux cabinets d'histoire naturelle, aux magasins de pelleteries ; si l'on n'est pas sans cesse sur la brèche pour s'opposer à leur génie destructeur, ils ont bientôt tout réduit en poussière. M. Westwood nous apprend qu'il y a environ 17 ans, en 1841, le Dermestes Vulpinus causa de si grands ravages dans les magasins de peaux de Londres, qu'une récompense de 100,000 francs fut offerte à celui qui indiquerait un remède propre à anéantir cet insecte.

C'est surtout à l'état de larve que cet insecte est redoutable. Ces larves ont le corps allongé, velu , composé de douze anneaux distincts dont le dernier est garni , à l'extrémité, d'une touffe de poils très longs ; leur tète est écailleuse, munie de mandibules très longues et très tranchantes ; elles ont six pattes cornées terminées par un ongle crochu ; leur corps est terminé par un segment armé supérieurement de deux appendices dirigés en arrière et d'une couleur rouge , le reste du corps est jaune.

D. LARDARIUS. Fab. Long. 7 millim. Noir ; corselet orné à un 1/2 millim. des bords d'une ligne de points blancs ; une large bande gris-jaunâtre traversant les deux élytres , dentelée sur les bords antérieur et postérieur et trois points noirs au milieu.

D. VULPINUS. Fab. Long. 7 millim. Noir , mélangé de gris ; tète, corselet, d'un noir roux, avec beaucoup de points noirs ; dessous du corps blanchâtre.

D. CADAVERINUS. Fab. Long. 6 millim. Noir , avec des poils gris jaunâtres nombreux ; partie inférieure du corps blanchâtre.

D. TESSELLATUS. Lat. Long. 5 millim. Noir, couvert de poils gris cendré ; pattes grises, antennes noires.

ATTAGENUS. Latreille. Les Attagènes diffèrent des Dermestes par la massue des antennes allongée ; les palpes maxillaires plus grêles et l'absence d'une dent cornée au côté

interne des mâchoires. Ils sont plus petits que les Dermestes.

La plupart d'entre eux sont comme les Dermestes, très redoutables aux collections d'animaux préparés , aux pelleteries, etc.
Quelques-uns vivent sous les écorces des arbres et se nourrissent de petits insectes.

A. undatus. Fab. Long. 5 millim. Noir brillant, ponctué, pubescent ; tête et corselet veloutés ; une tache aux angles postérieurs du
corselet ; une autre très petite en avant de l'écusson ; deux fascies blanches transversales ondulées sur les élytres, formées par
des poils serrés blancs ; tarses noirs. Sous l'écorce des arbres.

A. pellio. Fabr. Long. 4 millim. Noir, deux taches blanches
aux angles postérieurs du corselet et une à l'angle médian
touchant l'écusson ; deux taches au milieu des élytres près de
la suture, une à la partie humérale , sur le bord extérieur et
l'autre à la base ; pattes obscures ; tarses plus clairs.

ANTHRENUS. Geoffroy. ανθρενη, insecte des fleurs. Cet insecte dévore les fourrures. Elytres couvertes de poils ou
d'écailles colorées ; tête engagée dans le corselet ; antennes très
courtes, en masse solide.

Les larves, qui nous font tant de mal dans nos collections, ont
une tête écailleuse, arrondie, garnie de deux espèces d'antennes
coniques très-courtes ; deux mandibules très fortes, à l'aide desquelles elles détruisent promptement tout ce qu'elles attaquent.
Le corps est formé de douze ou treize anneaux ; six pattes
écailleuses terminées par un crochet recourbé ; tous les anneaux
sont couverts de poils jaunâtres couchés en arrière et qui se
redressent aussitôt qu'on les touche.

Le principal moyen de s'en préserver est la plus grande
propreté , et de tenir les boîtes bien closes. Laver les insectes
que l'on croit infestés d'anthrèmes avec de la benzine.

A. scrophulariæ. Latr. Corselet couvert d'une poussière
blanchâtre, noire au milieu ; élytres avec des bandes grises et la
suture rouge.

A. verbasci. Latr. Le corselet et les élytres couverts d'une
poussière gris jaunâtre, trois bandes ondulées sur ces dernières

qui, bordées de noir, les font paraître en relief ; elle se trouve très souvent aussi sur la Spiræa Aruncus. C'est cet insecte qui fait le plus de dégâts dans nos collections, c'est ce qui lui a fait donner mal à propos le nom de A. Museorum.

A. PIMPINELLÆ. Fab. Corselet noir avec deux taches blanches à sa base ; élytres noires, veloutées, avec une tache très-blanche au tiers supérieur et placée sur le bord extérieur, une autre tache formant un C dont les deux extrémités joignant la suture, forment un rond un peu irrégulier, et enfin trois autres taches formant un triangle à la base. Hab. sur les Ombellifères.

A. MUSEORUM. J'ai sous ce nom une Anthiène noire, dont le corselet présente une tache noire vers les deux angles postérieurs, un point blanc en avant et un autre pareil en arrière près de l'écusson. A la partie antérieure des élytres deux taches jaunâtres formant deux C adossés l'un à l'autre, semblent former un X, et plus en arrière deux bandes grises onduleuses.

HISTER. Linn. Elytres dures, courtes, ne couvrant pas entièrement l'abdomen ; un écusson entre les élytres ; jambes antérieures dentelées.

Ces insectes ont une forme qui ne permet pas de les confondre avec aucun autre. Le corps offre un carré un peu allongé, rétréci aux deux extrémités ; la tête est avancée, quelquefois cachée sous le corselet ; les mandibules sont avancées, étroites, dentelées, pointues à leur extrémité ; antennes soudées et terminées par une massue globuleuse de trois articles ; pattes très aplaties, dentelées ou ciselées et terminées par des tarses courts.

Ils vivent dans les bouses, les farines.

Quelques espèces habitent sous les écorces des arbres et dans les fourmilières ; leurs larves vivent dans les mêmes lieux et dans les champignons ; elles sont très allongées, blanchâtres, molles, excepté la tête et le premier segment, qui est muni d'une plaque écailleuse en dessus et en dessous. Les autres segments offrent chacun deux rangées de poils sur le dos. La tête est plate, armée de deux mandibules très allongées ; antennes composées de trois articles ; cinq articles aux pattes, le dernier est long, courbé en crochet.

H. QUADRIMACULATUS. Paykull. LUNATUS. Fab. Long. 12 millim. Noir brillant ; massue des antennes rougeâtre, garnie d'une auréole de poils ; une ligne enfoncée de chaque côté du corselet ; trois stries sur chacune des élytres et le commencement sur la partie humérale , avec deux taches rouges : l'une antérieure , l'autre postérieure.

H. CADAVERINUS. Paykull. Noir, massue des antennes fauve ; deux lignes enfoncées sur les bords latéraux du corselet ; quatre lignes parallèles sur les élytres et deux lignes rudimentaires en arrière et en dedans ; six dentelures sur les jambes postérieures.

H. UNICOLOR. Fabr. Il ne diffère du précédent que par les deux lignes rudimentaires qui manquent.

H. MERDARIUS. Payk. Noir brillant ; massue des antennes ferrugineuse ; une strie de chaque côté du corselet, se réunissant avec la strie antérieure ; trois stries sur les élytres et deux demi stries en arrière , dont une près de la suture ; quatre dentelures aux jambes antérieures , dont la dernière est bifide.

H. POLITUS. Dalil. GAGATES. Illig. Long. 9 millim. Noir brillant ; l'extrémité de la massue jaunâtre ; trois stries entières sur les élytres. Trouvé dans des bouses, à Ancenis.

H. SINUATUS. Payk. Panz. Noir très brillant ; antennes jaunâtres ; élytres avec une ligne assez large rouge, dont la partie inférieure recourbée , va presque rejoindre la suture ; trois stries entières et deux rudimentaires à peine visibles : la première se résumant en quelques points.

H. STERCORARIUS. Paykul. Long. 5 millim. Un peu allongé ; noir ; l'extrémité de la massue des antennes fauve ; élytres avec trois stries entières ou presque entières, moins 2 mill. du côté du corselet et deux demi stries ; quatre dents aux jambes antérieures.

H. BISSEXSTRIATUS. Fab. Gillenh. Long. 4 millim. Noir ; massue des antennes rougeâtre ; quatre stries entières et deux très courtes sur les élytres ; jambes antérieures ayant quatre dents.

H. PURPURASCENS. Fabr. Long. 5 millim. Noir brillant ; élytres avec quatre stries entières et deux demi stries et une large tache rouge foncée au centre.

H. ɴɪᴛɪᴅᴜʟᴜs. Fabr. Paykul. Long. 5 millim. Corselet des fossettes, angles postérieurs très finement ponctués ; cinq demi stries qúi s'arrètent à la partie moyenne des élytres ; le reste de l'élytre, qui est très-lisse en avant, est finement ponctué en arrière.

H. ᴏᴇɴᴇᴜs. Fab. Long. 2 millim. Bronzé ; corselet très lisse ; trois stries qui n'atteignent pas la base des élytres ; l'intervalle entre la première et la seconde strie, finement pointillé, de même que la partie postérieure et externe.

H. ʟᴜɢᴜʙʀɪs. De Marseul. Oblong, presque convexe ; noir brun brillant, pointillé ; front plane , rugueux ; strie antérieurement droite ; quatre stries dorsales entières, et deux demi stries à la partie interne ; jambes antérieures armées de trois dents, la dernière bifide ; les postérieures garnies de sept à huit paires de denticules épineux.

Trouvé près Nantes, par M. de Marseul. Rezé (1).

ONTHOPHILUS. Leach. ονθος. fiente ; φιλεω, j'aime. Les Onthophiles sont des insectes de très petite taille, qui vivent dans la fiente des animaux et que l'on peut très facilement distinguer des Luster par les lignes assez fortes qui se présentent sur le corselet et les élytres et par leur corps plus épais et plus arrondi.

O. sᴛʀɪᴀᴛᴜs. Pàyk. Fab. Long. 2 millim. Six lignes élevées sur le corselet et sur chacune des élytres , avec une rangée de points dans les intervalles ; pattes brunes ; jambes non dentelées.

NOSODENDRON. Fab. νοέος. maladie ; δενδρον , arbre. Mandibules fortes, unidentées intérieurement , obtuses à l'extrémité ; palpes très courts ; antennes de onze articles terminées par une massue perfoliée ; ovale comprimée ; écusson triangulaire ; élytres très-convexes ; jambes élargies à l'extrémité, les antérieures aplaties, triangulaires.

---

(1) Voir l'excellent ouvrage de M. de Marseul , sur le genre Hister. *(Annales Entomologiques de France.)*

C'est dans les plaies des arbres que l'on rencontre les Noso-
dendrons, surtout des aulnes et des marronniers. Leurs larves
sont molles, composées de segments raboteux et garnies de poils
sur les côtés.

N. FASCICULARE. Fabr. Oliv. Long. 4 millim. Noir terne ; tête
et corselet lisses ; élytres ayant cinq rangées de gros points enfoncés garnis de faisceaux de poils fauves ; antennes et tarses
bruns.

BYRRHUS. L. βυρσις, bourse. Corps ovale, convexe ; antennes
en massue perfoliée, allongées, plus courtes que le corselet, dans
lequel la tête est enfoncée ; toutes les pattes à articulations,
creusées en long pour se recevoir réciproquement quand l'animal
se contracte.

Les Byrrhes se trouvent sous les pierres, la mousse, les feuilles
tombées.

B. PILULA. Fabr. Long. 9 millim. Oblong, ovale, entièrement
recouvert d'un duvet très serré d'un brun luisant, soyeux ; les
élytres présentent des lignes longitudinales souvent interrompues, brunes, noirâtres.

B. VARIUS. Fabr. Moitié plus petit que le précédent ; même
forme ; bronzé, avec des lignes articulées de noir et de
gris.

SIMPLOCARIA. Marshal. Corps ovalaire, convexe ; tête un
peu enfoncée dans le corselet ; palpes maxillaires à dernier
article arrondi ; antennes à cinq derniers articles épaissis ; corselet
légèrement excavé en dessous ; jambes antérieures cylindriques,
les postérieures comprimées.

Ces insectes placés autrefois dans les Byrrhes, en ont les mêmes
habitudes.

S. SEMISTRIATA. Fabr. PICIPES. Olivier. Long. 2 millim. Ovale,
allongé, noir luisant , convexe , pubescent , avec six stries visibles seulement sur la partie antérieure des élytres ; antennes et
pattes de la couleur du duvet qui couvre les élytres.

GEORISSUS. Latreille. Tête inclinée ; mandibules grandes,
obtuses ; corselet arrondi, rétréci antérieurement ; élytres globuleuses ; pattes assez grandes.

Ce sont des insectes très-petits, que l'on rencontre sous les pierres, au bord des rivières.

G. PYGMOEUS. Fabr. 1 millim. Corselet rugueux, avec deux tubercules à la partie postérieure, trois stries très élevées sur les élytres, et trois autres moins élevées dans les intervalles.

ELMIS. Latreille. Antennes de onze articles grossissant à peine à leur extrémité et presque aussi longues que la tête et le corselet ; ces insectes sont de très petite taille ; leur corselet est convexe, en carré long ; écusson à peine visible.

Ces insectes vivent toujours sous l'eau, accrochés en dessous des pierres répandues au fond des ruisseaux d'eau vive.

E. VOLKMARI. Mull. Illig. Long. 2 millim. Noir luisant ; corselet convexe, avec deux lignes élevées sur le corselet ; la partie en dehors de ces lignes, finement pointillée ; élytres couvertes de stries ponctuées.

E. OENEUS. Illig. Long. 1 millim. Noir bronzé ; corselet raboteux avec deux lignes élevées, trois lignes élevées sur les élytres et des points saillants dans les intervalles.

E. MANGEIII. Latr. Noir cendré en dessous ; deux lignes élevées sur le corselet et plusieurs sur les élytres ; intervalles ponctués.

E. OBSCURUS. Mull. Illig. Long. 2 millim. Brun ; élytres plus larges au milieu qu'aux extrémités, couvertes de stries profondément ponctuées ; antennes et pattes rouges.

E. TUBERCULATUS. Mull. Oblong ; cuivreux brillant ; deux lignes élevées sur le corselet ; deux tubercules à la base des élytres vers la partie humérale ; stries ponctuées et quelques poils rares ; antennes et pattes rouges.

E. PYGMOEUS. Mull. Illig. Long. à peine 1 millim. Très petit, oblong, noir bronzé ; stries fortement ponctuées sur les élytres ; les lignes élevées sur le corselet, parallèles ; antennes et pattes rouges.

PARNUS. Fabricius. Corps oblong, ovale, à antennes courtes allongeables, protractiles, se logeant dans une cavité au-dessous des yeux ; tête grande ; mandibules fortes, dentées à l'extrémité.

Les Parnus vivent aux bords des eaux, sur les plantes aquatiques. Insectes ailés.

P. prolifericornis. Fabr. Latr. Long. 2 millim. Allongé, pubescent, brun presque noir ; pattes rougeâtres.

P. auriculatus. Illig. Long. 4 millim. Allongé, pubescent ; bronzé, reflet brillant ; corselet finement pointillé ; élytres striées, ponctuées ; pattes rouges.

P. dumerilii. Latr. Long. 4 millim. Allongé, gris irisé d'un reflet bronzé, pubescent ; élytres striées ; pattes brunes.

HETEROCERUS. Fabr. ετερος, diverse ; κερας, corne. Corps ovale ; à élytres dilatées sur les bords ; antennes en masse très courtes, toutes les jambes dentelées, élargies.

Ces insectes sont surtout remarquables par leur tête, qui forme une sorte de museau dû à la saillie de la lèvre supérieure demi-circulaire, ayant une petite entaille au milieu. Par leurs pattes courtes et robustes, on comprend que leur genre de vie les expose à faire des efforts contenus pour pénétrer dans un milieu résistant ; et en effet, les Hétérocères se trouvent enfoncés dans le sable ou la vase, au bord des ruisseaux et des marais.

H. marginatus. Bosc. Long. 2 millim. Allongé, brun obscur, soyeux, très finement ponctué, deux taches rougeâtres sur le corselet, trois taches pareilles sur les élytres, mais plus claires, avec des stries longitudinales très fines ; la disposition et la coloration des taches sont très variables, ce qui a engagé quelques auteurs à créer plusieurs espèces, tels que le Lœvigatus, le Fusculus, etc., que nous ne regardons que comme des variétés dépendant des localités.

On obtient assez facilement cet insecte en jetant un peu d'eau sur le sable, lorsqu'il n'a pas encore été mouillé.

QUINZIÈME FAMILLE.

LES PALPICORNES.

Antennes comme dans les Clavicornes, terminées en massue et souvent perfoliées, mais de neuf articles au plus, insérées sous les bords latéraux et avancés de la tête ; plus courtes que les palpes maxillaires ; menton grand en forme de bouclier.

Le corps est en général ovoïde ou hémisphérique.

Les pieds sont, dans la plupart des genres , propres à la natation ; ils n'ont alors que quatre articles bien distincts , ou cinq, mais dont le premier beaucoup plus court que le suivant. Tous les articles sont entiers.

La plus grande partie des insectes de cette famille vivent dans l'eau et sont aussi carnassiers que les Carabiques.

ELOPHORUS. Fabr. ελος , marais ; φορυω , je pénètre. Corps aplati ; à élytres couvrant le corps ; antennes courtes, en **massue** aplatie , cette massue ne commençant qu'au sixième article ; palpes terminées par un article plus gros et ovale.

Les Élophores , sans avoir des pattes propres à la natation , vivent cependant dans l'eau et se cachent dans le sable des torrents , ou vivent cramponnés aux pierres ou aux rochers qui s'y trouvent. Les larves sont encore peu connues.

E. GRANDIS. Illig. AQUATICUS. Fabr. Long. 8 millim. D'un beau vert bronzé ; cinq sillons longitudinaux sur le cordelet , celui du milieu droit , les deux de chaque côté ondulés ; élytres ornées de stries ponctuées d'une manière assez régulière ; antennes et pattes brunes.

E. RUGOSUS. Latr. Il a beaucoup d'analogie avec le précédent ; il est moins brillant , un peu moins grand , mais tous les autres caractères étant pareils , j'en ferais plutôt une variété qu'une espèce.

E. NUBILUS. Latr. Long. 4 millim. Corps d'une couleur grise argentée ; corselet transversal , avec quatre lignes ondulées et une ligne droite au milieu ; stries ponctuées sur les élytres et lignes élevées, parsemées de quelques taches noires.

E. GRANULARIS. Linnée. Long. 2 millim. Très petit, brillant, vert , avec quelque reflet métallique ; cinq lignes longitudinales ondulées sur le corselet comme les précédents ; lignes ponctuées sur les élytres , et de larges taches brunes sur un fond jaunâtre.

HYDROCHUS. Germar. Υδορ , eau ; οχος , qui contient. Antennes à massue ovale et assez grande ; tête avancée , rétrécie en avant ; yeux saillants ; corselet allongé , plus étroit que la tête et les élytres , forme linéaire cylindrique ; même localité que les Élophores.

H. ELONGATUS. Latr. Long. 4 millim. Tête et corselet rugueux, bronzé , obscur ; corselet plus long que large ; trois lignes élevées sur les élytres , avec deux rangées de points enfoncés entre chaque intervalle.

H. CRENATUS. Fabr. Long. 3 millim. Vert bronzé , brillant , métallique ; corselet allongé , rugueux , ponctué ; élytres régulièrement ponctuées entre des stries peu élevées ; dessous du corps noir ; antennes et pattes d'un brun rougeâtre. Je l'ai trouvé sur des feuilles de volets , baie de la Verrière.

OCTHEBIUS. Latr. οκθη , rive ; βιοω , je vis. Tête avancée , rétrécie antérieurement ; mandibules cornées , peu apparentes ; palpes maxillaires plus courtes que les antennes, dont les cinq derniers forment une massue ; corselet orbiculaire , échancré en avant ; écusson peu distinct ; élytres peu bombées, parallèles ; pattes allongées, grêles ; le dernier article des tarses à peu près aussi grand que tous les précédents réunis.

Les Octhebius vivent dans les eaux douces ou saumâtres, cachés parmis les plantes ou attachés aux brindilles tombées dans les mares.

O. RIPARIUS. Illig. Dej. Long. 1 millim. Vert brillant , métallique ; corselet finement ponctué , avec une petite carène sur les parties latérales, et une ligne longitudinale au milieu; élytres légèrement convexes et couvertes assez régulièrement de lignes de petits points enfoncés.

O. MARINUS. Payk. Long. 1 millim. Bronzé obscur ; tête rugueuse ; élytres striées, ponctuées.

O. PYGMOEUS. Illig. Brun foncé , quelquefois noir ; tête avec une ligne tranverse et deux points enfoncés sur le vertex ; corselet avec une ligne longitudinale au milieu, et deux impressions latérales ; élytres avec des stries de points enfoncés , leur extrémité rougeâtre, de même que les pattes et les antennes.

O. **pellucidus**. Mulsant. Long. 1 millim. Cuivré, brillant ; tête et corselet rugueux ; une ligne droite longitudinale sur le corselet ; élytres striées, ponctuées.

HYDROENA. Kug. Ὑδραινω, je lave. Les Hydrènes sont des insectes de très petite taille, dont la massue des antennes commence au troisième article, et les palpes terminées en alène.

Les Hydrènes vivent sur les plantes aquatiques ; on en voit quelquefois qui marchent sur la surface de l'eau.

H. **longipalpis**. Kugelann. Noir ; tête triangulaire, atténuée à sa partie antérieure ; corselet élargi à sa partie moyenne, rugueux, avec cinq sillons longitudinaux ; élytres couvertes de stries ponctuées.

H. **pulchella**. Muller. Vert bronzé ; à peine visible tant il est petit ; corselet et élytres luisants, ponctués ; antennes et pattes rougeâtres.

HYDROPHILUS. Geoffroy. Ὑδορ, eau ; φιλεω, j'aime. Antennes de neuf articles, en massue et insérées sous les bords latéraux de la tête, qu'elles égalent en longueur ; quatre palpes plus longues que les antennes ; écusson grand, triangulaire ; corps convexe, épais et bombé ; yeux très saillants ; tarses moyens, ciliés, aplatis en forme de rames.

La larve de l'Hydrophile qui est fort grande, puisqu'elle n'a pas moins de huit centimètres de longueur, vit, comme l'insecte parfait, dans les eaux stagnantes ; elle se nourrit principalement de mollusques fluviatiles ; grâce à la facilité avec laquelle elle peut renverser la tête, elle saisit sa proie en-dessous, brise leur coquille en l'appuyant sur son dos, comme sur un point d'appui, et les dévore. Lorsqu'on la prend, ou quand elle est rencontrée par le bec d'un oiseau aquatique, elle rend son corps flasque et mou comme une vieille dépouille, avec laquelle sa peau coriace lui donne de l'analogie. Si cette ruse n'obtient pas de succès, elle lance une liqueur noirâtre, qui, troublant l'eau qui l'entoure, la dérobe parfois à ses ennemis. Mulsant, à qui j'ai emprunté ce passage, a parfaitement décrit cette larve, ses mœurs et ses métamorphoses.

H. piceus. Fab. Long. 40 millim. Noir brun, très luisant ;
une petite impression sur la partie antérieure et latérale du
corselet ; stries ponctuées sur les élytres ; quatrième article des
tarses antérieurs dilatés en palette chez le mâle ; antennes roussâtres. Il est malheureusement trop commun pour le frai de
poissons qu'il dévore.

H. caraboïdes. Latr. hydrous caraboïdes. Fab. Long. 20 millim. Noir luisant, très convexe ; quelques points épars sur les
côtés du corselet et deux impressions plus marquées en avant ;
cinq stries ponctuées sur les élytres. Mêmes habitudes que le
précédent.

HYDROBIUS. Leach. Ὕδωρ, eau ; ϐιόω, je vis. Corps ovale,
oblong, quelquefois hémisphérique ; mandibules ciliées à la partie membraneuse du côté interne ; palpes maxillaires courtes, à
dernier article fusiforme ; menton en carré transversal ; antennes
de neuf articles, les trois transverses ou globuleux, formant une
massue allongée ; tarses postérieurs un peu comprimés, garnis
de longs cils et munis d'une dent rudimentaire.

H. scaraboeoïdes. Fab. Long. 6 millim. Noir brillant, quelquefois brun ; élytres avec des stries peu profondes, les intervalles plats, très finement pointillés, mais une ligne de points
enfoncés sur chaque intervalle ; antennes rougeâtres, massue
noire ; tarses et palpes rougeâtres.

H. melanocephalus. Latr. philydrus. Fab. Long. 4 millim.
Tête noire ; corselet brun avec quelques taches rougeâtres, très
finement pointillé ; élytres d'une couleur olivâtre, avec quelques
taches testacées, surtout sur le côté externe, finement ponctuées, et deux lignes longitudinales près de la suture.

H. lividus. Fab. helochares lividus. Mulsant. Long. 4 millim. Corselet et élytres jaunâtres, très finement pointillées et
parsemées de quelques taches et quelques lignes noires irrégulières.

Je l'ai trouvé dans une petite mare, près Belle-Ile sur
Erdre.

H. globulus. Paykull. Long. 2 millim. Petit, arrondi, convexe, vert brun ; une large ligne d'un jaune testacé entoure le corselet et les élytres.

Je l'ai pêché dans une petite fontaine, près la Chaussée.

H. NITIDULUS. Payk. Plus petit que le précédent ; tête noire ; corselet rougeâtre ; élytres plus foncées, bordées d'une ligne jaune testacée, mais moins apparente que dans l'espèce précédente.

H. ORBICULARIS. Paykul. CYCLONOTUM ORBICULARE. Erick. Long. 1 millim. Noir très brillant ; corselet un peu plus large que les élytres, mais plus étroit en avant ; les élytres très convexes, et l'un et l'autre bordés d'une large ligne jaune.

Dans un trou, à la baie de la Verrière.

H. GRISEUS. Fab. HELOCHARES. Mulsant. Long. 1 millim. 1/2. Corselet noir ; élytres rougeâtres, striées finement, ponctuées. A Belle-Ile, sur Erdre.

BEROSUS. Leach. Tête très penchée, les palpes maxillaires moins longs que les antennes ; palpes labiaux à dernier article subulé ; antennes de huit articles, les trois derniers formant une massue pubescente.

Insectes nageurs d'une très grande agilité, qui se trouvent dans les mares d'eau stagnante.

B. SIGNATICOLLIS. Charp. Corselet transversal, brillant, très finement ponctué, avec une tache noire au milieu sur un fond jaunâtre ; tête noire ; corps oblong, convexe, arqué longitudinalement ; élytres à dix stries, ponctuées, les intervalles plats, couverts de points enfoncés d'une couleur jaunâtre, avec quelques points noirs irrégulièrement placés ; cuisses larges, jaunâtres ; jambes et tarses intermédiaires et postérieurs garnis de longs cils ; tarses postérieurs avec une brosse de poils en dessous.

SPHOERIDIUM. F. Σφαιρηδιον, en forme de sphère. Corps hémisphérique, très convexe, tronqué en dessous ; jambes antérieures dentelées, aplaties, n'étant jamais propres à nager ; divisions des mâchoires membraneuses ; antennes en massue perfoliée.

Les Sphéridies sont des insectes de petite taille, habitant

surtout les bouses de vaches. Ils sont très agiles et échappent facilement en s'enfonçant dans les bouses et jusque dans le sol. Leurs larves sont peu connues.

S. SCARABOEOÏDES. Latr. Long. 4 millim. Noir brillant ; corselet et élytres très finement pointillés ; sur les élytres on aperçoit quelques lignes qui ne sont visibles que près de la suture , avec deux taches, une en avant, l'autre en arrière , plus visible et plus grande.

S. BIPUSTULATUM. Lat. Un peu plus grand que le précédent ; noir, très finement pointillé, hémisphérique ; écusson triangulaire, allongé ; quelques rudiments de lignes à la base des élytres et deux larges taches jaunes aux extrémités.

CERCYON. Leach. Les Cercyons sont des insectes de très petite taille, qui ont tous sur les élytres des stries longitudinales de points enfoncés ; ils ont presque tous les mêmes mœurs que les Sphéridies.

C. HEMORRHOÏDALE. Fabr. Long. 1 millim. 1/2. Noir ; corselet lisse, brillant ; corps hémisphérique ; élytres striées , ponctuées.

C. FLAVIPES. Fab. Long. 1 millim. 1/2. Très convexe, hémisphérique ; noir luisant, avec une petite ligne rougeâtre qui règne sur le bord du corselet et des élytres ; antennes et pattes rouges.

C. ATOMARIUS. Fab. Long. 1 millim. 1/2. Ovale , convexe , noir brillant, ponctuation et stries peu visibles ; élytres d'un vert foncé ; pattes et base des antennes rouges.

C. PYGMOEUM. Sturm. Long. à peine 1 millim. Noir luisant ; stries ponctuées sur les élytres, très visibles ; les élytres sont d'un rougeâtre très foncé, avec une tache triangulaire sur le milieu

C. LUGUBRE. Fab. Long. 1 millim. Noir brillant, convexe ; corselet lisse ; élytres striées, ponctuées.

C. ATOMARIUM. Fabr. Long 1 millim. Ovale , convexe , élargi au milieu ; noir ponctué ; stries profondes ; intervalles relevés et arrondis ; pattes et antennes rouges.

C. **unipunctatum**. Fabr. Long. 2 millim. Corselet noir brillant, finement ponctué ; élytres d'une couleur fauve testacée, avec une tache noire triangulaire qui, réunie près de la suture, forme une tache carrée ; pattes jaunâtres.

C. **quisquilium**. Linnée. Long. 1 millim. 1/2. Tête et corselet noirs ; élytres jaunes testacées, avec une tache brune à la partie antérieure.

C. **centrimaculatum**. Stur. Long. 1 millim. Noir, ponctué avec une tache fauve foncée sur les élytres, près de la suture.

SEIZIÈME FAMILLE.

LES LAMELLICORNES OU PETALOCÈRES

Πεταλον, feuille ; κερας, corne

Elytres dures, longues, à antennes en masse feuilletée à leur extrémité libre ; jambes dentelées.

La forme particulière du front qui se prolonge vers la bouche, la présence ou l'absence de l'écusson à la base des élytres, et la disposition particulière des antennes, offrent des caractères suffisants pour distinguer les genres de cette famille.

Les Lamellicornes ont ordinairement le corps robuste, ovalaire ; leurs antennes sont insérées sous un rebord de la tête, qui souvent s'avance sur le disque de l'œil ; les pattes antérieures sont dentelées et les pattes postérieures épineuses, ce qui leur permet de fouir la terre ; aucun d'eux n'est carnassier, mais leurs larves, qui ont toute beaucoup d'analogie avec celle du Hanneton, que nous ne connaissons que trop, font beaucoup de mal à l'agriculture. Ces larves pour la plupart mettent trois ans avant de parvenir à l'état d'insecte parfait, et pendant tout ce temps, vivant sous terre, elles se nourrissent de racines, et font mourir tout ce qu'elles touchent. Quelques autres vivent dans les matières excrémentitielles, surtout des ruminants.

GYMNOPLEURUS. Illiger. Les quatre jambes postérieures sont ordinairement simplement ciliées ou munies de petites épines, et le dernier article de leurs tarses est aussi long ou plus long que les prédents, pris ensemble; le premier articles des palpes labiaux est dilaté au côté interne, presque triangulaire; le corselet a de chaque côté une fossette.

G. PILULARIUS. Fabr. Long. 14 millim. Lisse, noir peu brillant, deux lignes obliques sur la tête, partant du point d'insertion des antennes et se réunissant en arrière; quelques lignes peu visibles sur les élytres.

COPRIS. Geoff. SCARABOEUS. Linn. Antennes courtes, de neuf articles, les trois derniers en massue ovale, allongée; palpes labiaux courts, velus; les maxillaires plus longs, filiformes, les quatre tarses postérieurs formés d'articles aplatis, triangulaires, le dernier armé de deux crochets égaux; tête transversale, arrondie en avant, souvent armée de cornes; corselet grand, très large; élytres convexes; pattes fortes.

C. LUNARIS. Fab. Long. 20 millim. Noir luisant; corne assez longue, arquée sur la tête des mâles; corselet arrondi antérieurement, avec une échancrure au milieu et un tubercule de chaque côté; élytres striées; la femelle offre sur la tête une corne courte, taillée carrément ou quelquefois bifide.

C. EMARGINATA. Fabr. Il diffère du précédent par sa taille plus petite; la corne plus courte, et le corselet presque mutique.

ONTHOPHAGUS. Latreille. Corps court, déprimé en dessus et ovale; antennes de neuf articles, terminées par une massue lamellée de trois articles; palpes maxillaires de quatre articles, dont le dernier est ovale; écusson nul.

O. TAURUS. Latr. noir luisant; corselet pointillé; deux grandes cornes sur la tête du mâle; deux lignes transverses sur celle de la femelle; chaperon arrondi; six rangées de petits points enfoncés sur les élytres, les intervalles plats et pointillés.

O. VACCA. Latr. COPRIS VACCA. Fab. Long. 3 millim. Tête et corselet verdâtres, couverts de points petits et enfoncés, représentant assez bien la taille d'une rape très fine; élytres testacées; deux petits tubercules à la partie postérieure de la tête, une ligne élevée, transversale au milieu; chaperon arrondi, échancré en avant et cilié.

O. LEMUR. Latr. COPRIS. Fabr. Long. 10 millim. Chaperon en demi cercle, rebordé, front traversé par une carène, peu ponctué; 2 cornes; corselet ponctué, convexe, échancré de chaque côté, un tubercule assez élevé et bidenté, terminé par un sillon longitudinal; élytres ornées de six stries, ponctuées et quelques taches obscures sur un fond rougeâtre. CC.

O. MEDIUS. Latr. COPRIS MEDIUS. Fabr. Long. 10 millim. Corselet bronzé, ponctué, une corne sur la tête, partant du milieu d'un croissant, dont les extremités font deux tubercules $\nearrow$ et une ligne transversale au milieu; élytres jaunes testacées, parsemées d'un grand nombre de taches brunes.

O. CAPRA. Latr. COPRIS. Fabr. Long. 8 millim. Noir, deux petites cornes qui ne montent pas au-dessus de l'enfoncement du corselet, qui est convexe et ponctué; élytres striées, les intervalles plats et pointillés.

O. CENOBITA. Latr. COPRIS Fabr. Long. 10 millim. Vert bronzé plus ou moins foncé; chaperon demi-circulaire, relevé avec une échancrure au milieu; en arrière de la tête une lame élevée, triangulaire, au milieu de laquelle est une corne droite, quelquefois bifide; élytres testacées, avec six stries ponctuées dans les intervalles et des taches sombres disséminées.

O. NUCHICORNIS. Latr. Long. 10 millim. Tête et corselet noirs, ponctués; élytres testacées, avec des taches noires; une corne presque droite sur une base triangulaire, placée derrière la tête des mâles; deux lignes transversales élevées sur celle des femelles.

O. SCHREBERI. Latr. Long. 4 millim. Noir luisant, deux bandes élevées tranversales sur la tête; corselet ponctué; élytres avec six stries et deux larges taches rougeâtres, l'une à la base, l'autre à l'extrémité.

O. OVALIS. Latr. Long. 4 millim. Noir obscur, ponctué, velu; chaperon avec une forte échancrure en avant; deux lignes élevées, transverses, la dernière plus forte et à peu près carrée ; six stries et intervalles ponctués sur les élytres.

ONITICELLUS. Ziegler. Pattes intermédiaires beaucoup plus écartées entre elles à leur insertion que les autres ; écusson petit, mais distinct, ou un espace scutellaire libre laissé par les élytres ; corps allongé, corselet aussi long que large ; élytres allongées.

O. FLAVIPES. Ziegler. ATEUCHUS FLAVIPES. Fabr. Cette espèce varie de grandeur depuis 6 millim. jusqu'à 10. Sa tête est d'un vert foncé, avec le chaperon échancré légèrement en avant ; corselet d'un jaune pâle sur les bords, le milieu d'un brun verdâtre et échancré en avant pour recevoir la tête, plus large, ordinairement rebordé, avec une petite impression de chaque côté et un sillon à sa base ; élytres jaunes pâles, avec quelques petits traits longitudinaux plus obscurs, la suture un peu élevée et verte ; on voit sur chaque élytre, et près de son extrémité, une très petite élévation un peu plus foncée ; le dessous du corps et les pattes jaunes livides, à reflet vert.

Je l'ai trouvé à Ancenis, dans des bouses.

APHODIUS. Illiger. αφοδος, Stercus. Chaperon arrondi, non dilaté ; un écusson à la base des élytres ; dernier article des palpes cylindrique ; celui des labiaux plus court et plus grêle que les précédents ; mâchoire n'ayant pas, au côté interne, d'appendice ou de lobe corné et denté ; corps presque toujours allongé ; abdomen bombé.

A. FOSSOR. Fabr. Long. 12 millim. Chaperon rebordé, pointillé ; trois tubercules sur la tête, celui du milieu plus élevé dans le mâle ; corselet échancré, convexe, lisse, ponctué sur les côtés et déprimé légèrement en avant ; écusson ponctué, allongé, déprimé au milieu ; dix stries ponctuées sur les élytres ; noir brillant ; antennes et pattes rougeâtres. CCC.

A. RUFIPES. Fabr. Long. 12 millim. Corps brun ; chaperon arrondi, lisse, sans cornes ni tubercules sur la tête ;

écusson triangulaire ; élytres finement striées ; antennes et pattes brunes. CC.

A. **foetens**. Fabr. Long. 6 millim. Convexe, allongé ; chaperon légèrement échancré ; tête noire , avec trois tubercules, celui du milieu plus élevé dans le mâle ; corselet noir , convexe, ponctué avec les deux angles antérieurs rouges ; élytres rouges, striées, ponctuées.

A. **fimetarius**. Lat. Tête et corselet noirs luisants ; chaperon légèrement concave en avant ; trois tubercules sur la tête , celui du milieu pointu dans le mâle ; corselet convexe, avec des points enfoncés épars et ses angles antérieurs rougeâtres ; élytres striées, ponctuées, rouges.

A. **scybalarius**. Latr. Il ressemble au précédent ; il en diffère par le bord du corselet qui est rouge et par une teinte plus brune sur la partie extérieure des élytres.

A. **prodromus**. Fabr. Long. 5 millim. Chaperon arrondi ; tête et corselet noirs , ponctués , tubercules peu marqués ; corselet bordé d'une ligne jaune ; élytres rouges , striées , ponctuées , avec une large tache noire sur les parties latérales.

A. **luridus**. Fabr. Long. 6 millim. Chaperon arrondi ; tête et corselet noirs ; élytres rouges, striées , ponctuées , avec quelques taches brunes.

A. **nigripes**. Latr. Long. 5 millim. Mêmes caractères que le Rufipes , mais il est complètement noir.

A. **hirtellus**. Latr. Long. 2 millim. Tête et corselet noirs lisses ; élytres striées, ponctuées, pubescentes , surtout aux extrémités , d'une couleur jaune testacée, avec quelques petites taches noires.

A. **nitidulus**. Fabr. Long. 3 millim. Tête et corselet noirs brillants ; élytres jaunes claires ; striées, ponctuées ; suture brune ; antennes et pattes rougeâtres.

A. **erraticus**. Fabr. Long. 5 millim. Tête et corselet noirs, ponctués, trois tubercules peu saillants sur la tête ; élytres d'un rouge foncé , striées et très finement ponctuées.

A. PECARI. Fabr. Long. 5 millim. Tête et corselet noirs brillants ; trois tubercules à peine indiqués ; élytres striées, ponctuées, rougeâtres ; les intervalles plats et lisses ; antennes et pattes rougeâtres.

A. SUBTERRANEUS. Latr. Long. 5 millim. Noir luisant ; chaperon échancré en avant ; trois tubercules sur la tête ; corselet convexe, ponctué ; élytres brunes, foncées, profondément striées ; au fond de ces stries, deux petites lignes longitudinales et une ligne de points.

A. CONTAMINATUS. Latr. Long. 4 millim. Chaperon échancré en avant et bordé de jaune ; corselet noir, avec les parties latérales testacées ; point de tubercules sur la tête ; élytres striées, ponctuées, jaunes, de même que les pattes et les antennes.

A. MERDARIUS. Fabr. Long. 3 à 4 millim. Tête et corselet noirs, ponctués ; une ligne jaune dorée à la partie postérieure de la tête, au lieu de réunion avec le corselet ; élytres jaunes, striées, ponctuées.

A. BIMACULATUS. Oliv. Long. 4 millim. Noir, ponctué ; deux larges taches rouges sur les élytres qui sont striées, ponctuées.

A. TERRESTRIS. Latr. Long. 4 millim. Il a tous les caractères du précédent, excepté la tache rouge des élytres.

A. INQUINATUS. Fabr. Tête et corselet noirs brillants ; chaperon légèrement concave à son bord antérieur ; corselet ponctué ; trois tubercules peu apparents sur la tête ; élytres d'un jaune testacé, avec trois taches noires : une à la base, une autre à l'extrémité, et une troisième allongée sur le bord extérieur.

A. GRANARIUS. Fabr. Long. 3 millim. Chaperon légèrement échancré en avant ; trois tubercules sur la tête, les deux latéraux à peine visibles ; entièrement noir, excepté l'extrémité des élytres, qui est d'un jaune testacé.

A. PUSILLUS. Fab. Long. 2 millim. Il ressemble beaucoup au précédent, mais il est beaucoup plus petit ; il n'a point de tubercules et les tarses sont jaunes.

A. porcatus. Latr. **oxyomus porcatus.** Eschschlotz. Noir,
allongé, 3 millim. Corselet rugueux, ponctué, avec une ligne
longitudinale au milieu ; élytres sillonnées profondément, à côtes
aiguës ; sillons crénelés.

TROX. Fabr. τρωγω, je ronge. Tête engagée dans le corselet et cachée en dessous par les hanches antérieures ; chaperon très court, ne couvrant pas les antennes à leur base,
qui est velue ou à poils roides ; élytres souvent ridées ; pas
d'ailes.

Quand on saisit un Trox, il fait éprouver un petit bruit de
crépitation produit par le frottement du mésothorax contre les
parois internes du corselet ; ces insectes se nourrissent des
racines des végétaux. Nos deux espèces connues sont assez com-
munes dans les terrains sablonneux de Pornic. La larve du Trox
Arenarius est blanchâtre et transparente, avec la tête d'un brun
obscur ; le corps est formé de douze segments ; les antennes ont
trois articles, le terminal est petit. Nous devons sa description
à Waterhouse.

T. sabulosus. Fabr. Long. 10 millim. Corps couvert d'une
poussière d'un gris cendré ; corselet très raboteux ; deux élévations longitudinales assez épaisses et rugueuses laissent au
milieu du corselet un sillon profond, entre deux lignes longitudinales élevées qui s'approchent de la suture des élytres ; on
aperçoit sur celles-ci trois séries de tubercules pointus en dehors de cette ligne, et une moins marquée en dedans.

T. arenarius. Fabr. Plus petit que le précédent ; les inégalités du corselet et des élytres moins marquées ; les bords externes du corselet et des élytres ciliés.

GEOTRUPES. Fabricius. γη, la terre ; τρυπαω, je troue, je
perce. Chaperon large, rhomboïdal ; un écusson entre les
élytres ; antennes feuilletées à feuillets découverts ovoïdes ; mandibules arquées, dentées, comprimées ; mâchoires garnies de
poils. Ces insectes sont de taille moyenne, ont les mandibules
très saillantes, plus larges que la tête ; le corselet est transversal, souvent orné de cornes, ainsi que la tête ; corps arrondi

très convexe ; les pattes antérieures sont allongées, fortement dentées au côté extérieur ; elles n'ont qu'une épine à leur extrémité ; ils vivent dans les endroits sablonneux, mais ils déposent leurs œufs dans les bouses.

G. TYPHOEUS. Linn. Oliv. Long. 18 millim. Noir, luisant ; élytres striées, trois cornes dirigées en avant et horizontalement sur le corselet des mâles ; celle du milieu plus courte que les deux autres ; la femelle est un tiers plus petite et les cornes bien moins longues. R.

G. STERCORARIUS. Linn. Long. de 20 à 25 millim. Vert foncé en dessus et vert doré en dessous ; une ligne longitudinale, interrompue sur le corselet, des stries ponctuées sur les élytres avec les intervalles lisses. Cette espèce varie souvent, le dessus alors est noir bleu et le dessous violet. CCC.

G. HYPOCRITA. Schœn. Long. 15 millim. Noir mat en dessus ; corselet lisse, peu brillant ; lignes longitudinales sur les élytres, peu marquées ; pattes d'un beau bleu ; dessous du corps et cuisses d'un beau vert cuivreux. Trouvé à Saint-Étienne-de-Mont-Luc. R.

G. SYLVATICA. Latr. Long. 18 millim. Noir violeté en dessus, vert cuivré en dessous ; corselet avec des points enfoncés ; lignes longitudinales ponctuées sur les élytres, mais bien moins marquées que dans le Stercorarius.

Trouvé dans la forêt de Touffou.

G. VERNALIS. Latr. Long. 18 millim. Antennes roussâtres ; corselet et écusson un peu ponctués ; quelques stries sur les élytres, peu apparentes, entremêlées de quelques rides.

Trouvé sur la butte de Saint-Étienne.

ORYCTES. Illiger. Machoires dépourvues de dents, velues et coriaces ; mandibules sans dents sur le côté externe ; les jambes postérieures sont très épaisses, fortement échancrées, très élargies à l'extrémité ; écusson grand, triangulaire, mais à angles arrondis ; la larve est d'un jaune sale, mêlé de gris ; la tête est d'un rouge vif parsemé de petits points ; elle vit en terre et dans le terreau des jardins ; elle met quatre ou cinq ans à accomplir sa croissance , avant de parvenir à l'état d'insecte parfait.

O. NASICORNIS. Fabr. Long. 33 millim. Brun marron , luisant , avec la pointe du chaperon tronquée ; une corne conique , arquée en arrière, plus ou moins longue suivant le sexe, est placée sur la tête ; le devant du corselet est coupé obliquement et présente trois dents ou tubercules à la partie postérieure ; les élytres sont lisses , avec une strie près de la suture et des lignes de très petits points enfoncés, et une multitude de mêmes points sur toute la surface.

MELOLONTHA. Fabricius. Antennes de dix articles , dont les cinq ou sept derniers dans les mâles, et les quatre ou six derniers dans les femelles , composent la massue ; le labre est épais et fortement échancré en dessous ; tous les crochets des tarses sont égaux , terminés en une pointe entière et simplement unidentés à leur base ; les élytres ne recouvrent pas entièrement l'abdomen , qui est terminé en pointe dans les deux sexes.

Il est peu d'insectes plus nuisibles que le Hanneton à l'état de larve ; il attaque les racines ; des prairies , des châtaigneraies ont été détruites par sa larve , si connue sous le nom de vers blanc. En 1834 , il sortit de terre en si grande quantité , que l'insecte parfait dévora les feuilles des arbres de nos vergers, de nos forêts, à un tel point, qu'au milieu de la plus belle saison de l'année , on se serait cru au milieu de l'hiver.

Plusieurs moyens ont été proposés pour la destruction des Hannetons ; mais comment atteindre cette larve , qui se cache sous terre et qui ne revèle sa funeste présence que par la mort du végétal que sa dent meurtrière a touché ; ce serait un bien grand bienfait pour l'agriculture , si , chaque année, les Conseils généraux votaient une somme à répartir entre chaque commune , qui les donneraient en prime de 25 à 50 centimes par chaque décalitre de Hannetons. Cette mesure fut prise à la suite d'une année désastreuse , M. de Brosses étant Préfet, et fut couronnée du plus heureux résultat , dont le bienfait se fit sentir pendant plusieurs années.

M. julii. Fabr. anomala julii. Dej. Erik. Dufts. Long. 12 millim. Vert bleuâtre ; tête et corselet finement ponctués , quelques lignes longitudinales peu apparentes , ne commençant qu'à une certaine distance de la suture.

M. frischii. Latr. anomala. Megerle. Quelques auteurs en ont fait une espèce particulière , mais les caractères sont tellement identiques avec l'espèce précédente , que la plupart n'en ont fait qu'une variété. Seulement l'Anomala Frischii est plus grande , plus large , la couleur plus brillante et plus claire.

M. horticola. Latr. anisoplia. Megerle. Long. 8 millim. Chaperon court, large ; bronzé ou vert foncé luisant ; pointillé, velu, à poils gris ; antennes roussâtres ; élytres légèrement striées, ponctuées.

M. fullo. Latr. Long. 41 millim. D'un brun plus ou moins foncé ; chaperon bordé d'une raie blanche ; une ligne longitudinale blanche au milieu du corselet et une tache longitudinale interrompue de chaque côté de cette ligne mediane ; sur l'écusson et les élytres, de pareilles taches plus ou moins confluentes.

C. A Saint-Nazaire, Saint-Mars et le Croisic.

M. vulgaris. Latr. Long. 38 millim. Tête et corselet noirs ; antennes, pattes et élytres d'un bai-rougeâtre ; écusson noir ; bords de l'abdomen ayant une rangée de taches triangulaires et blanches, le tout couvert de poils gris, surtout sur la poitrine.

M. hippocastani. Fabr. Long. 22 millim. Voisin du précédent, mais plus petit ; le corselet brun et la plaque anale, plus brusquement rétrécie en pointe. Il est plus rare que le Vulgaris.

M. villosa. Latr. annoxia. Fab. Long. 24 millim. Brun ; chaperon droit en avant ; trois lignes courtes, grises et formées par un duvet sur le corselet ; écusson et dessous du corps couverts d'un duvet de la même couleur, disposé par taches sur les côtés de l'abdomen.

RHISOTROGUS. Latreille. Massue des antennes de trois feuillets ; crochets des tarses égaux , unidentés en dessous , à leur base.

R. ATER. Latr. Long. 14 millim. Noir brun ; élytres chagrinées, velues, de même que le corselet, l'écusson et la poitrine.

R. OESTIVUS. Latr. Long. 16 millim. Jaune, quelquefois assez clair ; corselet ponctué de même que les élytres, qui ont quelques lignes foncées, surtout près de la suture.

R. SOLSTITIALIS. Latr. Long. 22 millim. Il a beaucoup d'analogie avec le précédent, mais il est plus grand, plus velu et plus uniformément jaune.

OMALOPLIA. Megerle. Corps ovoïde, convexe; crochets des tarses égaux, bifides ; division inférieure plus courte, plus large, obtuse ou tronquée.

O. RURICOLA. Latr. Fab. Long. 6 millim. Tête, corselet et écusson noirs ; élytres rouges, avec la suture noire et quelques poils épars.

HOPLIA. Fabricius. Corps aplati, recouvert de petites écailles ; jambes antérieures sans épines sensibles à leur extrémité ; élytres dilatées à leur partie postérieure.

H. SQUAMOSA. Fabr. FORMOSA. Illig. Long. 10 millim. Couverte d'écailles brillantes, d'un beau bleu ciel en dessus et d'écailles argentées roses en dessous.

Ce joli insecte est très commun dans les îles de la Loire, surtout l'Ile-aux-Moines. Il paraît surtout à la fin de juin, aussi, l'appelle-t-on la petite bête de la Saint-Jean.

H. ARGENTEA. Fabr. Noir ; élytres brunes, légèrement couvertes surtout en dessous, d'écailles fines d'un gris argenté bleuâtre.

CETONIA. Fabr. MELITOPHILI. Lat. de μελιτος, fleurs, φιλεω, j'aime. Chaperon plus long que large ; corselet étroit en devant ; écusson triangulaire, pointu ; portion anale triangulaire découverte ; mandibules rudimentaires.

La plupart des insectes de ce genre vivent sur les fleurs ; les larves se développant dans le bois pourri et dans le terreau.

1ᵉʳ genre.

OSMODERMA. Linnée. Serville. Lepelletier. Lobe terminal

des mâchoires triangulaire corné ; partie interne à son extrémité supérieure fortement élevée en un crochet corné ; tarses toujours plus courts que les tibias.

O. **EREMITA**. Linnée. Gorb. pl. 8, fig. 1. Long. 25 millim. Violet foncé métallique ; corselet inégal ; écusson triangulaire, partagé par une ligne longitudinale.

Je l'ai trouvé à Ancenis et à Orvault.

2e genre.

GNORIMUS. Lepelletier et Serville. Lèvre cordiforme, tronquée inférieurement, plaque, anale très large, bombée ; jambes antérieures bidentées ; tarses guère plus longs que les tibias.

G. **NOBILIS**. Lepell. et Serv. Gory. pl. 12, fig. 4. Long. 16 millim. Elytres rugueuses, d'un vert doré, avec quelques petites taches blanches disséminées sur leur partie postérieure.

Commune sur les fleurs.

3e genre.

TRICHIUS. Fabricius. Lèvre plus haute que large se rétrécissant en avant, fortement échancrée ; tarses postérieurs beaucoup plus longs que les tibias.

T. **FASCIATUS**. Fabr. Gory. pl. 10, fig. 1. Long. 15 millim. Noir, mais couvert d'un duvet serré jaune ; trois bandes noires transversales sur les élytres, qui n'atteignent pas la suture. Habite dans les roses.

4e genre.

VALGUS. De Scriba. Palpes maxillaires très grandes ; lobe des mâchoires non corné ; tibias antérieurs très grands ; dernier article des tarses postérieurs le plus grand.

V. **HEMIPTERUS**. Fab. Gory. pl. 18, fig. 4. Long. 7 millim. Noir corselet et élytres couverts de taches blanches qui semblent être formées par des écailles ; deux lignes élevées longitudinales et rugueuses sur le corselet ; élytres courtes, ne recouvrant que les deux tiers antérieurs du corps. L'abdomen des femelles est terminé par une tarrière dentée sur les côtés, qui n'est qu'un prolongement de la plaque anale.

La larve se développe dans le vieux bois, surtout quand il se maintient humide. Elle est commune partout et vit à l'état parfait sur les fleurs.

5ᵉ genre.

CETONIA. Fabr. Voir les caractères généraux du genre, p. 175.

C. AURATA. Latr. Gory. pl. 145, fig. 5. Long. 20 millim. D'un vert doré brillant en dessus, d'un rouge cuivreux en dessous, avec des taches blanches sur les élytres. Commune sur les roses et la fleur du sureau. Préconisée contre l'épilepsie.

C. MARMORATA. Fabr. Gory, pl. 35, fig. 5. Long. 24 millim. Corps ovalaire, allongé, arrondi ; élytres carrées à leur extrémité, d'un vert brun métallique ; tête ponctuée ; corselet ponctué, surtout sur les côtés et quelques taches grises disséminées ; sur chaque élytre, une suite de taches disposées en lignes transverses vermiculées alternes ; sur la plaque anale, quelques atômes transverses ; deux points sur le dernier anneau de l'abdomen. Je ne l'ai trouvé qu'une fois sous une pierre, sous la poterne du château d'Ancenis.

C. MORIO. Fabr. Gory. pl. 42, fig. 3. Long. 14 millim. Corps ovalaire, large ; chaperon carré, légèrement rebordé ; corselet trapézoïdal, arrondi ; écusson triangulaire ; quatre lignes longitudinales de points sur le corselet, placés presque à égale distance ; sur l'écusson, deux petits points près du corselet ; sur chaque élytre et sur la plaque anale, quelques atômes transverses jaunâtres.

C. STICTICA. Lin. Panz. Gory. pl. 56, fig. 6. Long. 10 millim. Noir, velu ; sur le corselet et les élytres des points blancs, les uns ronds, les autres allongés, disposés assez irrégulièrement. Commune sur les fleurs de chardon et dans les roses.

C. HIRTA. Fabr. Gory. pl. 37, fig. 1. Chaperon avancé, relevé à ses deux angles antérieurs ; corselet arrondi, bidenté ; des deux côtés de la tête, une forte carène se prolongeant du vertex à l'écusson ; quelques petites taches et bandes transverses grises, placées sur la partie externe des élytres, le tout recouvert de poils jaunes, surtout en dessous du corps.

LUCANUS. Linnée. Antennes brisées, en masse pectinée ; corps aplati ; lèvre inférieure et mâchoires terminées par des pinceaux de poils ; chaperon pointu ; jambes antérieures dentelées ; quatre crochets aux tarses. Les Lucanes à l'état de larves, vivent dans le vieux bois et dans les racines, qu'elles réduisent en poussière.

L. CERVUS. Oliv. Long. 50 millim. Tête carrée, avec des carènes saillantes sur les côtés. Mandibules très fortes, égalant en longueur la tête et le corselet, arquées antérieurement, terminées par deux dents écartées, au milieu sont de très petites dents rangées en scie, vient ensuite une dent très aiguë après laquelle sont encore quelques petites dents. La femelle n'offre rien de remarquable : sa tête est petite, ses mandidules sont courtes ; il est noir, avec les mandibules et les élytres d'un marron très foncé.

L. PARALLELIPIPEDUS. Oliv. DORCUS. Megerle. Long. 24 millim. Mandibules ne dépassant pas la longueur de la tête et pareilles dans les deux sexes, armées au milieu seulement d'une forte dent. Sur le corselet et les élytres, la femelle offre une ponctuation plus marquée que dans le mâle et deux petits tubercules sur la tête ; elle est aussi d'un noir plus brillant.

PLATYCERUS. Latreille. Si les Lucanes ont les yeux entiers les Platycères les ont coupés par les bords de la tête ; les palpes maxillaires ont leurs trois premiers articles presque égaux en longueur ou du moins le second n'a pas un allongement remarquable comme dans les Lucanes.

Leurs mœurs sont pareilles à celles des Lucanes.

P. CARABOÏDES. Latr. LUCANUS. Linnée. Long. 12 millim. Aplati ; bleu verdâtre luisant ; antennes, mandibules et pattes noires ; mandibules larges, courbées au côté interne, avec quelques dentelures.

OESALUS. Fabr. Corps court, bombé, mandibules plus courtes que la tête ; languette très petite ; tête reçue presque entièrement dans l'échancrure du corselet ; jambes comprimées, presque épineuses ; sternum simple et sans saillie.

OE. SCARABEOIDES. Fabr. Cuvier, pl. 45 *bis*, fig. 2. Panzer.

Faune, entom. d'Allemagne. Corps brun noir ; tête petite ; corselet finement ponctué ; élytres ponctuées, striées, velues, avec des lignes longitudinales de points noirs.

Trouvé à Nantes, par M. Batard, sur du bois pourri.

SINODENDRON. Fabricius. Σύν, avec ; δενδρον, le bois. Antennes brisées, en masse pectinée ; corps cylindrique ; corselet tronqué en avant.

On trouve les Sinodendres sur les poiriers, les cerisiers, dont la larve ronge le bois.

S. CYLINDRICUM. Latr. Long. 12 millim. Noir luisant ponctué ; une corne assez longue sur la tête ; mousse dentelée dans les mâles, remplacée par un tubercule à peine visible dans les femelles ; angles du corselet ♂ formant chacun une petite corne ; élytres rugueuses.

<hr>

IIe SECTION. — LES HÉTÉROMÈRES

Ετερος, divers et μερος, partie.

Coléoptères à cinq articles, aux deux paires des tarses antérieurs, et quatre seulement aux postérieurs.

<hr>

PREMIÈRE FAMILLE.

MELASOMES.

Insectes de couleur noire ou cendrée, sans mélange ; aptères ; élytres le plus souvent soudées ; antennes grenues de la même grosseur, partout ou un peu renflées à leur èxtrémité ; troisième article allongé ; mandibules bifides ; une dent cornée ou crochet au côté interne des mâchoires ; articles des tarses entiers.

Ces insectes vivent dans les endroits obscurs, sous les pierres, dans le sable, dans les caves, etc.

ASIDA. Latreille. Menton large, recouvrant la base des mâchoires ; pattes plus dilatées dans les mâles.

A. GRISEA. Latr. Long. 14 millim. Gris ; corps ovale, peu allongé ; corselet transversal à bords latéraux relevés et arqués ; élytres rugueuses, avec trois ou quatre lignes élevées longitudinales onduleuses. Hab. dans les sables, à Pornic.

BLAPS. Fabricius. Corps bossu, lisse, ovale, étroit en devant ; corselet arrondi, rebordé ; pattes antérieures dentelées.

B. OBTUSA. Sturm. Long. 26 millim. Tête avancée, étroite ; yeux allongés, petits ; antennes de onze articles ; corselet plane, pointillé, rebordé ; écusson très petit arrondi en arrière ; élytres convexes, terminées en pointe, embrassant une partie de l'abdomen ; pattes longues ; jambes terminées par deux épines ; il est noir, peu luisant ; il répand une mauvaise odeur et il habite les lieux obscurs. Je l'ai trouvé dans la cave de l'oratoire.

OPATRUM. Fabricius. Antennes à articles grenus, légèrement velus ; corps renflé ; corselet très échancré en devant pour recevoir la tête.

O. SABULOSUM. Latr. Long. 6 millim. Noir ou gris cendré ; corselet rebordé et chagriné ; élytres avec trois lignes longitudinales élevées, crénelées, et un rang de tubercules près de la suture ; ailes membraneuses, dont l'insecte se sert très peu. Hab. dans le sable, au Croisic.

CRYPTICUS. Fab. Herbst. Antennes filiformes de onze articles, courtes, un peu plus grosses à l'extrémité ; sans échancrure au menton.

C. GLABER. Fab. Long. 5 millim. Noir brillant ; allongé, convexe lisse, ponctué ; antennes et tarses brunâtres chez quelques individus, on aperçoit sur les élytres quelques traces de stries ponctuées.

DEUXIÈME FAMILLE.

LES TAXICORNES.

Mâchoires dépourvues d'onglet corné au côté interne ; pourvus d'ailes ; corselet trapézoïde ou demi-circulaire, et cachant ou recevant la tête ; antennes courtes, insérées sous le bord interne de la tète , plus ou moins perfoliées ou grenues, grossissant insensiblement ou se terminant en massue ; articles des tarses entiers, et deux crochets simples au bout du dernier.

La plupart de ces insectes vivent sous les écorces des arbres ou dans les champignons.

BOLITOPHAGUS. Illiger. Βολίτης, bolet ; φαγω, je mange. Antennes arquées, terminées par sept articles plus grands, triangulaires, aplatis ; mâles à tète et corselet cornus.

B. AGARICICOLA. Fabr. Long. 3 millim. Noir ; tête et corselet chagrinés , bords du corselet crénelés ; six lignes longitudinales élevées sur les élytres ; les intervalles ayant des points enfoncés, un peu allongés transversalement ; antennes et pattes brun rouge.

DIAPERIS. Geoffroy. Διαπέρις, je perce. Antennes grenues, perfoliées, en massue à huit articles ; corps ovale, bombé , lisse ; corselet arrondi, rebordé.

D. BOLETI. Linn. Long. 6 millim. Noir brillant, avec trois taches transversales jaunes sur les élytres, une à la base , une au milieu et une à l'extrémité, et six lignes de points enfoncés.

HYPOPHLOEUS. Fabricius. ὑπό . dessous ; πλοίος, l'écorce. Corps linéaire , souvent arrondi ; corselet beaucoup plus long que large ; masse des antennes de sept articles, perfoliée.

H. BICOLOR. Latr. Long. 4 millim. Corps linéaire, ponctué, convexe ; tète, corselet et la moitié antérieure des élytres d'un fauve jaunâtre, et l'autre moitié noire.

LES TÉNÉBRIONITES.

Abdomen libre sous les élytres ; antennes grossissant vers l'extrémité ; corselet carré, plat, de la largeur des élytres ; cuisses antérieures renflées ; jambes simples.

MELANDRYA. Fabricius. Corps allongé, un peu dilaté vers l'extrémité des élytres ; tète globuleuse, enfoncée jusqu'aux yeux dans le corselet ; les palpes maxillaires sont très saillants, le troisième article est beaucoup plus court que le second et le quatrième ; le corselet plus large en arrière et sinué.

Ces insectes se trouvent sous les écorces.

M. SERRATA. Fabr. M. CARABOÏDES. Oliv. Long. 12 millim. Tête et corselet noirs, finement ponctués, ce dernier avec deux points enfoncés ou comme froncé en arrière ; élytres ponctuées, qui alternent d'étroites et de larges ; antennes et tarses roussâtres.

Dans un vieux saule, à Petit-Port.

TENEBRIO. Fabricius. Antennes de onze articles, les sept derniers globuleux ; jambes éperonnées ; ailes membraneuses.

T. MOLITOR. Latr. Long. 18 millim ; Noir brun mat, pointillé ; la tête et le corselet chagrinés ; élytres avec neuf stries.

Sa larve vit dans la farine. Les enfants qui élèvent des rossignols la connaissent très bien.

On la rencontre encore souvent dans la terre.

QUATRIÈME FAMILLE.

LES HELOPIENS.

Antennes filiformes, recouvertes à leur insertion par les bords de la tête ; mandibules bifides à l'extrémité ; dernier article des palpes maxillaires plus grand ; corps arqué en dessus, toujours de consistance solide.

Les larves sont filiformes, lisses, elles ont du rapport avec celles des Ténébrions et vivent dans le bois, les vieilles souches.

HELOPS. Fabricius. Corselet presque carré, échancré en avant ; élytres dures, larges ; antennes en fil.

H. CARABOÏDES. Panzer. Long. 9 millim. Noir ; tête, corselet et élytres finement ponctués ; sept lignes peu enfoncées sur les élytres, intervalles plats et ponctués ; extrémités des antennes et pattes rouges.

A Ancenis, dans du bois mort.

CISTELA. Fabricius. Corselet rétréci en avant ; tête petite, inclinée ; yeux en croissant ; antennes souvent dentelées.

C. ATRA. Fabr. Long. 15 millim. Noir, granuleux ; élytres avec huit stries, intervalles planes ; antennes et pattes noires.

C. LEPTUROÏDES. Latr. OMOPHLOEUS. Fabr. Long. 14 millim. Tête et corselet noirs finement ponctués ; une ligne longitudinale sur le corselet ; élytres d'un beau jaune, un peu chagrinées ; antennes et pattes rougeâtres. On la trouve sur les fleurs.

C. SULPHUREA. Fabr. Long. 8 millim. Entièrement couleur de soufre ; corselet plus long que large, avec une ligne longitudinale au milieu et une dépression assez forte à la base et de chaque côté ; élytres striées et très finement ponctuées. CC. à Machecoul.

CINQUIÈME FAMILLE.

LES TRACHÉLIDES.

Tête triangulaire ou en cœur, portée sur un cou rétréci brusquement en arrière ; le corps le plus souvent est mou , avec les élytres flexibles, sans stries et quelquefois très courtes ; les mâchoires ne sont jamais onguiculées ; les articles des tarses sont souvent entiers et les crochets du dernier bifides. La plupart vivent à l'état parfait sur les végétaux , en dévorant les feuilles, ou sucent le miel de leurs fleurs.

LAGRIA. Fabricius. Tête et corselet plus étroits que les élytres ; corps velu ; antennes en chapelet, non coudées, à articles irréguliers, dont le dernier est le plus long.

L. HIRTA. Fabr. Long. 8 millim. Velu ; tête et corselet noirs brillants ; élytres jaunes, pointillées , transparentes. La femelle est plus velue que le mâle et ce dernier a le derniier article des antennes plus long.

L. PUBESCENS. Fabr. Long. 6 millim. Noir ; à peine pubescent ; élytres jaunes, transparentes ; corselet étroit, cylindrique, noir brillant.

PYROCHROA. Geoffroy. πυρ , feu ; ωχρος , jaune. Corselet arrondi, déprimé ; tête en cœur, inclinée ; cuisses postérieures simples ; écusson petit ; élytres planes, flexibles, allant un peu en s'élargissant vers l'extrémité.

P. **rubens**. Fabr. Latr. Long. 15 millim. Tête, corselet et élytres rouges ; antennes, pattes et abdomen noirs brillants.

Sa larve se tient sous l'écorce du bouleau, elle est entièrement aplatie, d'un jaune pâle, excepté le dernier segment, qui est brun.

NOTOXUS. Schœffer. νωτος, dos ; οξυς, pointu. MONOCERUS. Meg. Antennes grenues ; tête arrondie, reçue dans une cavité du corselet, surmontée d'une corne.

N. **monoceros**. Fab. Long. 4 millim. Une corne avancée sur le corselet ; couleur fauve, deux points noirs à la base des élytres, deux sur les côtés et deux aux extrémités.

ANTHICUS. Paykull. ανθος, fleurs. Antennes en fil, à articles arrondis, corselet plus étroit que les élytres, noueux, comme étranglé ou arrondi, ou bossu.

A. **floralis**. Linn. Long. 3 millim. Noir luisant finement ponctué ; antennes, pattes, corselet et partie antérieure des élytres rougeâtres.

A. **antherinus**. Linn. Long. 4 millim. Tête et corselet noirs ; élytres rougeâtres, avec trois bandes noires.

A. **fuseus**. Linn. Long. 5 millim. Fauve ; élytres pubescentes, avec une tache plus brune à l'extrémité.

MORDELLA. Linnée. Antennes filiformes, en soie, abdomen terminé en pointe ; élytres très rétrécies ; écusson et suture réunis.

M. **fasciata**. Fabr. Long. 6 millim. Noire ; avec deux larges bandes gris jaunâtres formées d'un duvet soyeux, l'une de ces bandes, placée à la base des élytres, offre un point noir au milieu ; l'autre, placée sur le tiers postérieur, est plus claire que la première.

Les Mordelles sont très agiles et vivent sur les fleurs, surtout sur les Ombellifères.

ANASPIS. Geoffroy. A privatif. ασπις, écusson. Antennes en masse allongée ; abdomen pointu ; élytres très rétrécies à suture continue et sans écusson à la base.

Les Anaspis ont beaucoup de rapports avec les Mordelles, mais l'abdomen ne se prolonge pas autant en pointe, et leurs antennes sont simplement grenues.

A. FRONTALIS. Latr. MORDELLA. Fabr. Long. 4 millim. Noire ; antennes et pattes et partie antérieure des élytres fauves pâles.

A. FLAVA. Linn. FLAVESCENS. Latr. Long. 5 millim. Elytres fauves, obscures, un peu plus foncées aux extrémités, veloutées.

Les Anaspis comme les Mordelles, se trouvent sur les fleurs.

SIXIÈME FAMILLE.

LES VÉSICANS.

Crochets des tarses profondément divisés et paraissant doubles ; tête grosse, large et arrondie en arrière, corselet carré, mais souvent un peu rétréci postérieurement ; les élytres inclinées sur les côtés.

Ces insectes simulent la mort quand on les prend, et font sortir de leurs articulations une liqueur âcre et brûlante dont les organes excréteurs ne sont pas encore bien connus ; ils sont employés à l'extérieur comme vésicatoires et à l'intérieur comme un puissant stimulant ; mais ce dernier usage n'est pas sans danger.

MELOE. Lin. μελον. obscure. Elytres courtes, ne recouvrant pas les aîles ; antennes à articles grenus, souvent irréguliers ; tête plus large que le corselet, qui est carré ; abdomen renflé.

Les Meloès font un grand nombre d'œufs, qu'elles déposent en terre ; on a beaucoup écrit sur les larves, leur manière de vivre, mais nous n'avons encore rien de certain.

On trouve les Meloës sur les herbes, souvent au bord des ruisseaux.

M. Gallicus. Dej. Long. 14 millim. Noir ; antennes de onze articles , le cinquième et le sixième plus volumineux que les autres, et d'une couleur violetée ; la tête, le corselet et les élytres rugueux et pointillés ; l'élytre droite recouvrant environ un quart de l'élytre gauche.

M. AUTUMNALIS. Latr. VIOLACEA. Fabr. Long. 14 millim. Bleu violeté ; tête et corselet ponctués irrégulièrement ; élytres légèrement rugueuses ; une ligne enfoncée à la partie postérieure de la tête.

M. BREVICOLLIS. Dej. Long. 12 millim. Plus courte, mais plus large que la précédente ; noire ; ponctuée ; le corselet large et court ; élytres rugueuses.

Trouvé à Orvault.

CEROCOMA. Fabricius. Articles des tarses entiers ; antennes de neuf articles, irrégulières dans les mâles, terminées par un bouton. Ces antennes, par leur disposition, forment comme une espèce de panache.

On les rencontre sur les fleurs juillet et août.

C. SCHOEFFERI. Linn. Long. 12 millim. Corps étroit , allongé ; mou , d'un beau vert d'émeraudes brillant ; les antennes, les palpes, les pattes et l'abdomen fauves pâles ; l'extrémité de l'abdomen noire.

LYTTA. Fabr. CANTHARIS. Latr. Antennes droites en fil , plus longues que la tête et le corselet ; tête en cœur ; crochets des tarses doubles ou comme fourchus.

L. VESICATORIA. Fab. Long. 20 millim. D'un vert métallique brillant ; la tête grosse, refendue en arrière de manière à représenter deux lobes ; corselet rugueux ; antennes noires , excepté les deux premiers articles.

Ce bel insecte, si connu dans nos pharmacies, et si généralement employé, paraît en été sur les frènes et les lilas, dont il dévore les feuilles. Je ne l'ai jamais vu si abondant que sur les frènes qui se trouvent sur le bord du fossé qui sépare le petit Belle-île de la jolie propriété de l'Héraudière , son vol et son odeur pénétrante le font facilement découvrir ; sa larve vit dans la terre et ronge les racines des végétaux.

SEPTIÈME FAMILLE.

LES STÉNÉLYTRES.

Στενυς, étroit ; ελυτρον, étui.

Antennes filiformes ou sétacées, mais jamais grenues ni perfoliées, ce qui les distingue des Taxicornes, et leur extrémité est rarement épaissie ; tête notablement prolongée en devant, sous la forme d'un museau allongé ou d'une trompe aplatie portant à sa base et en avant des yeux toujours entiers ou sans échancrures, et les antennes.

ASCLERA. Schmidt. Antennes de onze articles à peu près tous égaux ; corselet carré, avec les angles arrondis en arrière, plus long que large.

A. COERULESCENS. Fabr. Long. 5 millim. Corselet bronzé, brillant ; élytres d'un beau bleu violet, et tout l'insecte couvert de poils assez longs. Il se trouve sur les fleurs. Juillet et août.

OEDEMERA. Oliv. οιδεω, j'enfle ; μερα, cuisse. Elytres à suture séparée en arrière ; antennes de plus de la moitié de la longueur du corps; corselet plus long que large et comme étranglé au milieu.

OE. CERULEA. Oliv. NECYDALIS. Fabr. Long. 9 millim. Elytres subulées ; corps bleu, quelquefois bronzé ; les cuisses postérieures sont arquées et renflées dans les mâles.

On la trouve communément sur les fleurs. Août.

OE. PODAGRARIA. Latr. NECYDALIS. Fabr. Long. 10 millim. Elytres d'un jaune fauve mat, avec un petit point noir aux extrémités; corselet velu, rétréci vers son tiers postérieur ; pattes antérieures fauves ; cuisses postérieures renflées et brillantes chez les mâles.

OE. CLAVIPES. Fabr. OE. OENEA. Oliv. Long. 12 millim. Tête, corselet, élytres et pattes d'un beau vert doré, quelquefois vert bleuâtre. Sur les hautes herbes, en été.

Œ. FLAVESCENS. Linn. Long. 10 millim. Elle a quelque analogie avec la Podagraria, mais le corselet n'est point brillant, il est d'une couleur jaune comme les pattes et les élytres, et ces dernières n'ont point de point noir à leur extrémité.

Œ. LURIDA. Gillen. Long. 10 millim. Vert bronzé, quelquefois assez brillant ; deux lignes longitudinales élevées sur les élytres, et une demi ligne près de la suture ; deux cavités sur le corselet.

Œ. ABDOMINALIS. Latr. Long. 8 millim. Presque linéaire ; d'un vert cendré, presque plombé ; corselet rugueux ; une nervure longitudinale et le commencement d'une seconde au côté interne sur les élytres ; antennes noires, de même que les pattes.

STENOSTOMA. Latreille. Στενος, étroit ; ϭτομα, bouche. Tête allongée en museau, sur lequel sont insérées les antennes ; dernier article des palpes maxillaires presque cylindrique.

S. ROSTRATA. Latr. Long. 10 millim. Vert bronzé ; brillante ; une nervure longitudinale sur les élytres et le commencement d'une seconde à peine visible.

RHINOSIMUS. Latreille. Antennes insérées devant les yeux, de la longueur du corselet, de onze articles, grossissant depuis le sixième jusqu'au dernier ; palpes maxillaires assez épais ; tête arrondie, terminée par un long bec aplati, élargi en spatule à son extrémité ; élytres assez grandes, oblongues ; pattes grêles, terminées par de petits éperons.

R. PLANIROSTRIS. Fabr. Long. 3 millim. Corselet et bec jaunes testacés, transparents ; tête un peu plus brune ; élytres ponctuées, molles, d'un vert cuivreux ; pattes jaunes ; antennes brunes.

Cet insecte, assez rare, se trouve sous les écorces.

IIIᵉ SECTION — LES TÉTRAMÈRES

Τετρα, quatre ; μερος, parties.

Cette section renferme exclusivement les insectes qui ont quatre articles à tous les tarses.

Ces insectes se nourrissent tous de substances végétales ; leurs larves ont des pieds très courts, qui sont même remplacés par des espèces de mamelons.

PREMIÈRE FAMILLE.

LES CURCULIONIDES , Schœf. RHYNCHOPHORES , Latr. RHINOCÈRES, Dum.

Κιν, nez ; κερας , corne.

Corps généralement dur et convexe ; tête plus ou moins prolongée en forme de bec ; bouche située au sommet de ce dernier ; mandibules courtes, mais fortes ; antennes tantôt droites, plus souvent coudées, ordinairement en massue , parfois cependant filiformes , épaissies en dehors, dentées en scie ou même pectinées, variant beaucoup, quant au nombre de leurs articles.

Tant à l'état de larves qu'à l'état d'insectes parfaits , les Charançons vivent aux dépens des végétaux, et surtout des graines, dont ils dévorent l'intérieur, les bourgeons des arbres fruitiers, les écorces, etc. Cette famille comprend deux grandes tribus.

PREMIÉRE TRIBU.

LES ORTHOCÈRES.

Schœnn. Ορθος, droites ; κερας, cornes.

Antennes non coudées au deuxième article ; premier article ou scape peu allongé ; bec n'offrant point généralement de scrabe ou sillon latéral pour loger le premier article des antennes.

BRUCHUS. Linn. βρυκω, je ronge. Corps ovale, comme bossu , caréné en dessous ; tête ovale, verticale, portée sur un col ; antennes droites , en fil grossissant insensiblement ; élytres tronquées, ne recouvrant pas le dernier segment de l'abdomen ; cuisses postérieures renflées.

La larve attaque souvent les fèves, les pois, les lentilles ; elles sont quelquefois si nombreuses qu'elles deviennent un fléau pour l'agriculture.

L'insecte parfait se tient sur les fleurs.

B. pisi. Fabr. Long. 4 millim. Corps oblong, noir, couvert d'une pubescence grise cendrée ; une tache triangulaire blanche au milieu du bord postérieur du corselet, quatre petites taches pareilles sur les élytres et une autre sur le dernier segment de l'abdomen.

B. cisti. Fabr. Long. 3 millim. Ovale, noir, pubescent ; antennes longues d'un brun ferrugineux à la base. Je l'ai vu commun à Petit-Port.

B. viciæ. Sturm. Long. 4 millim. Corps d'un cendré obscur, mélangé de gris et de noir ; dernier segment de l'abdomen jaunâtre.

PLATHYRINUS. Clairville. πλατυς, large ; ριν, nez. Antennes courtes insérées sous les bords latéraux du nez dans une fossette profonde : les trois derniers articles légèrement écartés entre eux, et brusquement en massue peu comprimée, oblongue.

P. latirostris. Fabr. Long. 14 millim. Corps allongé, noir ; bec long, large et plat, mélangé de noir et de gris ; corselet noir, velouté, rugueux ; élytres allongées, mélangées de noir velouté et de gris, avec six lignes de points enfoncés et deux larges taches d'un blanc gris à leur extrémité postérieure ; les yeux sont très saillants.

Nous devons cette espèce, qui est la seule qui se trouve en Europe, à M. le docteur Fortuneau, qui l'a trouvé en assez grande quantité dans un Polyporus ignarius, qui poussait sur un vieux saule, à Machecoul.

APODERUS. Olivier. απο, avec ; δερη, cou. Tête allongée, fortement rétrécie en arrière, étranglée en forme de cou étroit ; yeux saillants ; bec épais, plus court que la tête ; antennes de douze articles insérées vers le milieu du bec, dans une petite fossette irrégulière, graduellement épaissie en dehors en une massue serrée et oblongue , formée par les quatre derniers articles ; corselet conique, fortement rétréci en avant ; élytres plus longues que larges ; jambes offrant une forte épine courbe chez les mâles et deux plus petites chez les femelles; crochets des tarses simples, dilatés à leur base.

A. AVELLANÆ. Linn. Long. 4 millim. Tête, corselet et pattes noirs ; élytres rouges, crénelées, striées et ponctuées.

A. CORYLI. Fabr. Celui-ci paraît n'être qu'une variété du précédent, tant il lui ressemble ; il est seulement plus clair , surtout le corselet.

Les Apoderus roulent les feuilles de divers arbres en forme de cylindres allongés destinés à nourrir et protéger leurs larves. Ils taillent les feuilles avec leurs mandibules, afin de les rendre plus flexibles. C'est surtout sur le coudrier qu'on les rencontre.

ATTELABUS. Linnée. Antennes non brisées, en masse allongée ; tête et corselet plus étroits que les élytres ; bec court , comme étranglé ; avant dernier article des tarses à deux lobes.

A. CURCULIONIDES. Latr. Glabre luisant ; corselet, antennes et élytres rouges cerises ; élytres très finement ponctuées en stries très rapprochées, et des points irréguliers dans les intervalles.

Les Attelabes vivent sur les feuilles du chêne, et ont les mêmes mœurs que les Apodères.

RHYNCHITES. Schœnner. ρυζκος, bec. Tête un peu allongée, non rétrécie en arrière ; bec tantôt très allongé, filiforme, tantôt épais et plus court, et souvent un peu dilaté vers l'extrémité ; antennes de onze articles insérées dans une petite fossette allongée vers le milieu du bec ; corselet rétréci en avant ; jambes sans épine au sommet ; crochets des tarses fendus intérieurement.

Quelques espèces se font remarquer par l'épine aiguë placée sur les parties latérales du corselet du mâle.

R. BACCHUS. Schœnn. Long. 8 millim. D'un rouge cuivreux,

pubescent, avec les antennes et la trompe noires; corselet et élytres très finement ponctués.

Sa larve vit dans les feuilles de la vigne, qu'elle enroule autour d'elle.

R. POPULI. Schœn. Un peu plus petit que le précédent; d'un beau vert doré et très finement ponctué; le mâle porte une épine assez aiguë sur les parties antérieures et latérales du corselet.

Sa larve vit sur la vigne et le peuplier.

R. BETULÆ. Linnée. Long. 4 millim. D'un vert soyeux, brillant; trompe légèrement élargie en avant; corselet et élytres ponctués. Hab. dans les feuilles du bouleau.

R. ÆQUATUS. Linn. Long. 4 millim. Corps d'un bronze obscur ponctué; avec une ligne longitudinale sur le corselet et des points enfoncés sur les élytres.

R. PUBESCENS. Schœn. Long. 5 millim. Bleu, bec assez long, droit; corselet ponctué; élytres pubescentes et couvertes de petits points enfoncés et d'autres en stries.

R. CONICUS. Schœn. Ovale, oblong; d'un beau bleu violeté; corselet étroit, ponctué, rugueux; élytres pubescentes avec des stries de points très réguliers. Hab. sur le hêtre, à Ancenis.

R. MINUTUS. Herbst. Long. 4 millim. Bleu violeté; bec allongé, un peu élargi à l'extrémité; corselet ponctué; élytres avec neuf stries de points enfoncés.

Trouvé dans les genèts, à Petit-Port.

R. PAUXILLUS. Schœnn. Un peu plus petit que le précédent; bleu un peu violeté; une ligne longitudinale sur le corselet et des stries de points enfoncés sur les élytres, qui sont couverts de poils bruns.

Sur les hautes herbes, à la Morinière.

R. NANUS. Schœnn. Long. 2 millim. Bleu verdâtre; corselet ponctué; élytres striées, ponctuées, glabre.

Sur les orties en fauchant.

APION. Herbst. Ces insectes sont tous très petits; leur bec

se termine presque toujours en pointe ; l'abdomen est court et renflé ; antennes droites de onze articles, en massue.

A. POMONÆ. Fabr. Bec long ; yeux saillants ; corselet chagriné, avec une demi-ligne longitudinale à sa partie postérieure ; élytres ovales, noires bleues, avec cinq stries ponctuées.

A. MINIATUM. Schœnn. Long. 2 millim. Rouge ; bec long ; corselet échancré en avant ; élytres sillonnées, ponctuées.

A. VIRENS. Schœnn. Noir vert ; corselet brillant, presque lisse ; élytres striées, ponctuées ; la strie suturale plus large et plus profonde.

A. VERNALE. Schœnn. Brun, pubescent ; pubescence grise cendrée ; élytres avec deux taches blanches obliques ; antennes et pattes grises.

A. SANGUINEUM. Schœnn. Rouge sanguin, la tête un peu plus foncée ; corselet très finement pointillé ; élytres crénelées, striées ; antennes insérées au milieu du bec.

A. ASSIMILE. Schœnn. Noir ; glabre étroit ; antennes noires ; pattes jaunes testacées ; corselet finement pointillé ; élytres striées, ponctuées.

A. NIGRITARSE. Schœnn. Plus petit que le précédent ; noir brillant ; antennes et cuisses jaunes ; tarses et massue des antennes noirs ; élytres sillonnées, ponctuées.

A. VARIPES. Schœnn. Noir ; glabre brillant ; bec long et arqué ; corselet cylindrique, avec une portion de lignes longitudinales à sa moitié postérieure, et ponctué ; les pattes antérieures jaunes, testacées ; les antennes et les pattes postérieures noires.

A. ÆNEUM. Schœnn. Antennes insérées au milieu du bec ; corselet noir, cylindrique, ponctué ; élytres bronzées, brillantes, striées, sans ponctuation ; les intervalles lisses et plats.

A. VIOLACEUM. Schœnn. Bleu violeté ; bec court ; antennes attachées sur le milieu ; corselet cylindrique, ponctué, avec une ligne longitudinale dans presque toute sa longueur ; élytres striées, ponctuées ; antennes et pattes noires.

Cette espèce se trouve fréquemment sur les orties.

A. PISI. Schœnn. Noir , glabre ; corselet ponctué ; élytres courtes , arrondies , convexes , striées , ponctuées ; une ligne longitudinale presque entière sur le corselet ; antennes et pattes noires.

A. RADIOLUS. Schœnn. Noir , glabre, allongé ; corselet chagriné , ponctué ; élytres striées , ponctuées ; antennes et pattes noires.

A. RUFIROSTRE. Schœnn. Noir , pubescence blanchâtre ; bec arqué , rougeâtre à sa moitié antérieure ; corselet finement pointillé ; élytres striées , intervalles plats.

A. ONOPORDI. Schœnn. Noir , allongé ; front et corselet chagriné ; élytres striées , ponctuées ; antennes et pattes noires.

A. TENOE. Schœnn. Très petit , noir luisant ; corselet conique , large en arrière , plus étroit en avant , ponctué ; élytres striées , ponctuées.

A. BREVE. Kirby. Petit , noir, peu brillant ; corselet cylindrique , chagriné, bec filiforme ; antennes insérées au milieu ; élytres striées, ponctuées.

A. ELEGANTULUM. Payk. Bec long , filiforme ; corselet noir , chagriné ; élytres bleues foncées, striées, sans ponctuation , intervalles plats.

A. FLAVOFEMORATUM. Herbst. Bec filiforme ; corselet et tête noirs chagrinés , corps court, arrondi ; élytres d'un bleu foncé , striées , ponctuées.

A. ANGUSTATUM. Schœnn. Noir , pubescent ; bec filiforme ; tête étroite ; corselet finement pointillé ; élytres avec des stries ponctuées

A. ORBITALE. Schœnn. Petit, noir , recouvert d'une pubescence grise ; corselet cylindrique , un peu atténué en avant ; bec long, filiforme ; élytres convexes, arrondies, striées.

A. FLAVIPES. Schœnn. Noir , allongé ; bec filiforme ; corselet allongé , cylindrique ; élytres luisantes , striées ; pattes jaunes.

Les Apions sont très répandus dans la nature ; ils habitent sur les fleurs, les hautes herbes, les légumineuses, les orties, etc., etc.

RAMPHUS. Clairville. Bec linéaire, toujours fléchi sur la poitrine; antennes de onze articles en massue; élytres recouvrant entièrement l'abdomen ; corps très petit; les pattes postérieures propres au saut.

R. FLAVICORNIS. Antennes insérées au devant des yeux, à la base du bec; corps arrondi, noir, peu brillant ; élytres striées.

DEUXIÈME TRIBU.

LES GONATOCÈRES.

Antennes ordinairement coudées au deuxième article ; le premier article, ou scape, allongé ; bec pourvu d'un canal ou scrobe, pour recevoir le scape qui, quelquefois, est assez court.

Les Gônatocères se partagent en deux sections.

PREMIÈRE SECTION.

LES BRACHYRHYNQUES.

Bec généralement plus ou moins épais, assez court et peu arqué, parfois cependant allongé, cylindrique ; antennes insérées au sommet du bec et souvent au coin de la bouche.

BRACHYCERUS. Fabricius. Βραχυς, court; κερας, corne. Antennes courtes, non distinctement coudées ; premier article court et obconique, ordinairement de huit à neuf articles, le dernier formant la massue ; tarses étroits, hérissés, mais non spongieux en dessous ; corps très dur, aptère.

B. EUROPOEUS. Schœnn. Ovale, noir; bec aplati, chagriné ; tête déprimée, carénée ; corselet anguleux, avec deux lignes longitudinales ondulées ; élytres rugueuses entourées d'une double rangée de tubercules et deux lignes longitudinales ondulées de chaque côté de la suture.

Trouvé au Croisic, par M. Vaudouer, qui me l'a donné, et par M. Delalande, à Saint-Brevin.

CNEORHINUS. Schœnner. xνεω, je déchire ; ρίν ρίνος, nez ; Aptère. Corps ovale , oblong ; bec très court , fortement échancré au sommet , séparé du front par une ligne imprimée , transverse ; bec large , un peu courbé ; antennes assez courtes; massue ovale.

Les Cneorhinus se trouvent dans les lieux sablonneux , sur les osiers , quelquefois sous les pierres.

C. GEMINATUS. Schœnn. Corselet court , large , avec deux lignes longitudinales plus claires , quelquefois peu apparentes ; élytres larges , globuleuses , d'un blanc soyeux , tachetées de noir , et des stries peu enfoncées ; bec plat , canaliculé.

C. EXARATUS. Schœnn. Ovale , noir , couvert de squamules grises ; bec un peu resserré au milieu , séparé du front par un sillon ; corselet finement rugueux , ponctué ; élytres striées , ponctuées , convexes , d'un blanc gris un peu soyeux.

Ancenis , sur les saules.

C. ALTERNANS. Schœnn. Ovale , allongé , convexe ; bec court, carré , sillonné ; corselet ponctué , presque brillant , légèrement velu, un peu atténué au milieu ; élytres striées, ponctuées, un peu velues , linées de brun et de cendré blanchâtre.

A Juigné , sur la Salvia pratensis.

C. CORYLI. Schœnn. Petit , allongé , convexe , noir , à squamules serrées , variées de brun et de cendré ; bec et front larges , sillonnés , rugueux ; antennes et pattes de la même couleur que les élytres. Hab. sur le noisetier , au Portereau.

SCIAPHILUS. Schœnner. σχιά , ombre ; φίλος , ami. Corps ovale , oblong , aptère , hérissé de poils ; bec court , plus étroit que la tête, plane en dessus, échancré au sommet , où se cache le premier article des antennes ou scape ; scrobe ou canal latéral courbé ; yeux peu saillants ; antennes allongées et assez grêles ; scape dépassant souvent les yeux ; massue ovale , oblongue.

S. MURICATUS. Schœnn. Ovale , oblong , brun ; squamules serrées et cendrées ; corselet allongé , rétréci en avant ; écusson petit ; élytres ovales, convexes, pubescentes, striées et ponctuées ; mâle plus petit et plus étroit que la femelle.

Sous les pierres, à Pornic.

CHLOROPHANUS. Germar. Schœnn. χλωρός, vert ; φανος, brillant. Corps ovale, oblong ; bec déprimé en dessus, caréné longitudinalement au milieu, échancré au sommet ; antennes droites, quelquefois cendrées ; scape atteignant à peine aux yeux ; massue ovale ; corselet presque cylindrique, rétréci cependant un peu en avant ; angles postérieurs aigus ; élytres ovales, plus ou moins mucronées à l'extrémité ; jambes antérieures courbes, armées d'un crochet au sommet.

Les Chlorophanes, ordinairement d'une couleur verte, se trouvent sur les arbres, les saules. J'ai trouvé souvent le Viridis sur les orties.

C. **viridis.** Schœnn. Long. 10 millim. Ovale, oblong ; la tête, le corselet et les élytres semblent couvertes de squamules ou poussière bronzée, brillante ; le corselet et les élytres sont entourés d'une ligne marginale presque blanche ; ces dernières sont striées, ponctuées et mucronées à l'extrémité.

Habite sur les orties, à la Morinière.

TANYMECUS. Germ. τανοω, je m'étends ; μηχος, longueur. Corps oblong ; bec court ; antennes grêles ; le premier article ou scape dépassant le bord postérieur des yeux ; massue oblongue.

T. **palliatus.** Schœnn. J. Duval. pl. 7, fig. 31. A bec légèrement impressionné longitudinalement ; corselet oblong, tronqué à la base et au sommet, un peu élargi sur les côtés ; élytres allongées, atténuées en arrière ; épaules obtusément angulées et saillantes.

C'est la seule espèce que l'on trouve en France, sur les orties et l'osier.

SITONES. Germ. σιτον, champ de blé. Corps oblong ; bec court, échancré au sommet, canaliculé ou sillonné en dessus ; antennes courtes ; premier article atteignant les yeux ; massue ovale ; corselet tronqué à la base et au sommet, arrondi sur les côtés ; élytres oblongues ; épaules angulées et saillantes.

Les Sitones se trouvent sur les végétaux, parfois sous les pierres, dans les lieux secs.

S. HISPIDULUS. Schœnn. Oblong, noir ; corselet avec trois lignes longitudinales, blanches, les deux latérales ondulées et plus larges, les mêmes lignes se prolongent sur le bec ; élytres striées, avec des petites taches blanches et des séries de poils courts et rudes sur les intervalles.

S. CRINITUS. Schœnn. Oblong. Long. 5 millim. Corselet noir ; avec trois lignes longitudinales, blanches ; élytres couvertes de squamules d'un gris argent, avec quelques taches noires carrées et striées, ponctuées.

S. PROMPTUS. Schœnn. Oblong. Long. 5 millim. Corselet un peu plus long que large, avec trois lignes longitudinales, blanches ; élytres grises, striées, avec quelques taches noires.

S. REGENSTEINENSIS. Schœnn. Oblong. Long. 5 millim. Noir, couvert de squamules grises, parfois brillantes ; corselet triliné comme les précédents ; élytres striées, avec quelques points noirs épars.

Il est commun sur les genêts en fruit.

S. LINEATUS. Schœnn. Oblong ; corselet court, un peu élargi en arrière, liné de blanc, de même que les élytres, le tout couvert de squamules d'un gris argent ; antennes et pattes testacées.

Même localité que le précédent.

POLYDROSUS. Germ. Schœnn. Πολυέροσος, couvert de rosée. Corps oblong ; bec plus étroit que la tête, fortement échancré au sommet ; scrobe linéaire courbé, infléchi tellement en dessus qu'il se réunit presque avec celui du côté opposé ; antennes plus ou moins allongées et grêles, massue oblongue ; corselet tronqué à la base et au sommet, arrondi sur les côtés ; élytres oblongues ; épaules plus ou moins angulées ; cuisses dentées ou mutiques.

Les Polydrosus se trouvent sur les plantes, dans le feuillage ; ils aiment surtout les bois et leurs lisières.

P. UNDATUS. Schœnn. Scape des antennes s'élevant près des yeux, 3-7 article du funicule un peu noueux ; cuisses mutiques ; corps allongé, noir, couvert de squamules d'un cendré argenté ;

antennes et pieds roux ; corselet étroit, cylindrique ; élytres avec trois bandes de squamules brunes.

P. CERISEUS. Schœnn. Schall. J. Duval. Genera. pl. 8, fig. 36. Corps allongé, entièrement couvert de squamules d'un beau vert doré brillant ; scape des antennes atteignant les yeux ; 3-7 article du funicule obconique.

P. PLANIFRONS. Schœnn. Corps plus court et plus large que le précédent, couvert de squamules dorées brillantes, quelquefois d'un vert un peu plus foncé ; élytres striées ; bec plat ; antennes ferrugineuses, à massue brune,

METALLITES. Illiger. Schœn. J. Duval. pl. 8, fig. 37. Corps oblong, bec plus étroit que la tête, plane en dessus, échancrée au sommet ; scrobe plus large en arrière ; antennes courtes et épaisses ; le premier article atteignant le bord postérieur des yeux ; massue ovale, oblongue.

M. AMBIGUUS. Illiger. Corselet tronqué à la base et au sommet, élargi au milieu ; élytres oblongues, ovales, d'une couleur testacée, striées, ponctuées, pointues en arrière, légèrement pubescentes ; antennes et pattes testacées ; cuisses dentées. Hab. sur les feuilles du noisetier, du pin, du mélèze.

CLEONUS. Schœnner. Corps oblong, quelquefois aptère ; yeux déprimés, oblongs, perpendiculaires ; bec médiocrement allongé, épaissi, le plus souvent caréné ou canaliculé en dessus ; scrobe profond ; linéaire un peu courbé, fortement infléchi en dessous ; antennes peu allongées, assez fortes, insérées vers le sommet du bec ; scape n'atteignant pas tout à fait les yeux ; premier et deuxième article du funicule obconiques, le second ordinairement un peu plus court, trois à sept serrés, transverses ou substurbinés, le septième souvent un peu plus grand, appliqué contre la massue ; corselet subconique, lobé derrière les yeux et bisinué à la base ; écusson triangulaire, souvent peu distinct ; jambes antérieures armées d'un crochet au sommet ; angles des tarses rapprochés et soudés à la base.

C. OPHTHALMICUS. Bossi. Distinctus. Fabr. Dej. Cat. Long. 15 millim. Noir, couvert de squamules d'un bleu gris, qui forment sur le corselet deux lignes longitudinales interrompues, trois points à la partie antérieure de chacune des élytres et un point rond sur leur tiers postérieur ; bec bisillonné ; pattes et extrémités des antennes grises. Je l'ai trouvé sur l'extrémité de hautes herbes d'une prairie inondée, en juin, à Ancenis.

C. OBLIQUUS. Fabr. J. Duval. pl. 8, fig. 38. Long. 7 millim. Noir, couvert de squamules blanchâtres ; bec caréné ; corselet noir avec quatre lignes longitudinales blanches et une ligne élevée au milieu ; élytres blanches, ponctuées, avec deux lignes noires obliques et des stries assez profondes.

On le trouve sous des touffes de thym.

C. SULCIROSTRIS. Schœnn. Trois sillons égaux sur le dos ; corps couvert d'une pubescence cendrée ; corselet noir avec deux larges lignes latérales blanches et une ligne élevée au milieu ; élytres couvertes de points élevés et trois lignes obliques noires. Hab. sur la bardane et les corduacées.

C. MORBILLOSUS. Fabr. TIGRINUS. Oliv. Long. 7 millim. Noir couvert de squamules blanches ; bec bisillonné ; corselet noir avec une croix blanche de chaque côté et une ligne longitudinàle au milieu et des points élevés, lisses et brillants, les mêmes points se représentent sur les élytres avec des lignes noires obliques et ondulées.

Trouvé sur la prairie de la Morinière, sur la Scabiosa succisa

C. PLICATUS. Olivier. Schœnn. Long. 7 millim. Noir, couvert d'une pubescence grise et serrée ; bec sillonné ; six côtes très élevées et sillonnées, ondulées sur le corselet ; élytres grises avec quelques fragments de lignes obliques noires, et une bande postérieure blanche assez large.

C. CINEREUS. Schœnn. Long. 6 millim. Noir, ovale, oblong ; bec bisillonné ; les sillons blanchâtres ; quatre lignes longitudinales sur le corselet et quelques points élevés luisants ; élytres couvertes de squamules blanchâtres interrompues par trois lignes obliques noires un peu larges, quelques points élevés à la partie antérieure et des séries de petits points enfoncés.

Dans les terrains sablonneux, sur les hautes herbes.

C. **alternans**. Schœnner. Long. 15 millim. Corps d'un brun ferrugineux, pubescent ; corselet obscurément canaliculé , avec deux lignes rougeâtres de chaque côté du sillon , et une ligne blanche sur les parties latérales ; élytres avec des stries de points enfoncés et des lignes longitudinales alternes de blanc et de brun , la ligne externe plus blanche que les autres. Donné par M. Grollau.

ALOPHUS. Schl. Schœnner. Αλοφος, sans crête. Corps ovale oblong , aptère ; yeux déprimés ; bec assez allongé , faiblement arqué, un peu épaissi à l'extrémité, canaliculé en dessus ; scrobe profond, linéaire, un peu courbé, oblique et fortement infléchi en dessous ; antennes médiocres ; scape n'atteignant point tout à fait le bord antérieur des yeux ; les deux premiers articles du funicule un peu allongés, obconiques, les suivants courts, arrondis ; corselet tronché à la base ; élytres ovales , oblongues, atténuées à la base , un peu arrondies aux épaules ; point de crochets au sommet des jambes ; angles des tarses écartés de leur base.

A. **triguttatus**. Corselet finement ponctué, serré, brillant, un peu élargi à son tiers antérieur ; élytres couvertes de squamules grises, avec quelques taches et linéoles noires, une tache blanchâtre ocellée de noir vers la partie moyenne et une autre en arrière qui, réunie à celle de l'autre élytre, forme une tache cordiforme, entourée d'une ligne noire, et enfin quelques poils rudes et courts. Hab. sous les pierres , dans les chemins et quelquefois dans les prairies.

LIOPHLOEUS. Schœnner. Λεΐος, lisse ; φλοΐος , enveloppe. Corps ovale, oblong, aptère ; yeux saillants ; bec de la longueur de la tête, épaissi à l'extrémité ; scrobe courbé, large , infléchi ; antennes grêles, dépassant les yeux ; les deux premiers articles du scape funicule assez allongés, obconiques, trois et quatre plus courts, sept turbinés et courts ; corselet transverse , arrondi sur les côtés, plus étroit en avant ; écusson petit , triangulaire ; élytres larges, convexes, surtout en arrière ; cuisses obtusément dentées ; point de crochets aux jambes antérieures ; angles des tarses rapprochés et soudés à la base.

L. **nubilus**. Schœnner. Noir, à squamules serrées et cendrées ; antennes d'un roux brun ; corselet finement chagriné ; élytres avec des lignes de points enfoncés, les intervalles planes alternant les unes grises, les autres grises mais marquées de points noirs carrés. Hab. sur les végétaux, les osiers. A Ancenis, sous les pierres.

BARYNOTUS. Schœnn. Germ. βαρος, lourd ; νωτος, dos. Corps ovale ; aptère ; yeux déprimés; bec peu allongé, légèrement épaissi à l'extrémité, canaliculé en dessus ; scrobe courbé, profond, large, fortement infléchi au-dessous de l'œil ; antennes médiocres, grêles ; scape atteignant les yeux , les deux premiers articles du funicule allongés, obconiques, les suivants courts et arrondis ; corselet carré, un peu élargi sur les côtés, plus étroit en avant, canaliculé en dessus, un petit crochet aux jambes antérieures; angles des tarses écartés et libres.

B. **obscurus**. Schœnn. Brun, varié de squamules brunes et cendrées ; bec glabre canaliculé ; élytres obscurément striées, chagrinées.

Les Barynotus se trouvent sous les pierres.

MYNIOPS. Schœnner. μινυὸς, petit ; ωψ, œil. Corps court, ovale, inégal, aptère ; bec deux fois aussi long que la tête, arqué, épaissi à l'extrémité ; scrobe profond, élargi en arrière ; antennes courtes et épaisses ; scape n'atteignant point les yeux ; premier article du funicule allongé , obconique , les suivants courts, subperfoliés ; massue ovale ; corselet transverse fortement arrondi en avant et sur les côtés ; écusson nul ; élytres larges et courtes; une épine assez forte au sommet des jambes ; tarses étroits, nullement spongieux en dessous.

M. **variolosus**. Schœnner. Long. 8 millim. Court , assez large ; corselet caréné en dessus, échancré en dessous, rugueux ; corps couvert d'une poussière d'un gris sombre ; élytres striées, ponctuées, les intervalles élevés et tuberculés. Hab. sous les pierres, à Pornic.

LEPYRUS. Germar. Schœnn. Λεπυρός, écorce. Corps ovale, oblong ; bec aussi long que la tête et le corselet , cylindrique, épaissi à l'extrémité, un peu arqué ; scrobe étroit, linéaire, sinué, oblique ; antennes médiocres ; scape n'atteignant point les yeux ; corselet conique, rétréci en avant, tronqué aux deux extrémités ; écusson petit, mais visible ; jambes armées d'un crochet au sommet.

L. COLON. Schœnn. Long. 10 millim. Corps couvert de poils gris argent ; corselet orné de trois lignes longitudinales blanches ; élytres ponctuées, striées, avec deux taches rondes blanches sur le disque et quelquefois des petites linéoles blanches plus en arrière et sur les côtés. Hab. sur les arbres et surtout les saules. A Ancenis.

TANYSPHYRUS. Germar. Schœnn. Τανοσ, ρορος, qui étend ses pieds, qui a de longues jambes. Corps très petit, ovale ; yeux déprimés ; bec égalant en longueur la tête et le corselet, arqué, mince, cylindrique ; scrobe étroit, obliquement dirigé vers la partie inférieure de l'œil ; antennes médiocres, insérées vers la partie antérieure du bec ; scape un peu éloigné des yeux ; funicules ne paraissant que de six articles, le premier épaissi, le second étroit, obconique, les suivants courts, serrés, arrondis ; massue grande, ovale, à articles peu distincts ; corselet arrondi sur les côtés, tronqué à la base et au sommet ; écusson très petit ; élytres courtes, convexes ; jambes armées d'un crochet au sommet.

T. LEMNOE. Schœnn. J. Duval. pl. 10, fig. 47. Corps noir brun, quelques taches blanches sur le corselet, qui est chagriné ; élytres profondément striées, avec quelques taches grises sur les côtés et à l'extrémité. Hab. sur les herbes au bord de l'eau et sur les lentilles.

HYLOBIUS. Schœnner. υλη, forêt ; ϐιοω, je vis. Corps ovale oblong ; yeux oblongs, peu convexes ; bec allongé, cylindrique, un peu épaissi à l'extrémité ; scrobe profond, linéaire, très oblique, se dirigeant vers la partie inférieure de l'œil ; antennes médiocres, insérées à l'extrémité du bec ; scape n'atteignant point tout à fait la partie antérieure de l'œil ; les deux premiers articles du funicule obconiques ; les suivants courts, un peu arrondis, le septième un peu plus grand et appliqué contre la massue ; corselet arrondi sur les côtés, tronqué aux deux extrémités ; écusson bien distinct ; élytres ovales légèrement calleuses en arrière ; épaules obtusément angulées et saillantes ; jambes sinuées intérieurement armées d'un fort crochet au sommet.

H. ABIETIS. Schœnner. Long. 15 millim. Noir brun ; corselet rugueux chagriné avec quelques taches jaunâtres au milieu et sur les côtés ; élytres finement striées, réticulées avec des faisceaux de poils jaunâtres formant des lignes ondulées et interrompues.

Les Hylobius causent quelquefois de grands ravages dans nos forêts de sapin.

La femelle dépose ses œufs dans les crevasses de l'écorce, et la larve s'enfonçant sous l'écorce au pied de l'arbre, y creuse bientôt de vastes et funestes galeries, qui entraînent inévitablement la mort de l'arbre.

MOLYTES. Schœnner. Μολυτης, paresseux. Corps aptère, ovale ; yeux déprimés, ovales ; bec court, élargi et échancré au sommet, avec une strie de chaque côté ; scrobe profond, linéaire, oblique, se dirigeant vers la partie inférieure de l'œil ; antennes assez fortes, insérées vers le tiers antérieur du bec ; scape atteignant le bord antérieur des yeux ; les deux premiers articles du funicule assez allongés, obconiques, les suivants courts, arrondis, le septième plus épais, appliqué contre la massue ; corselet tronqué à la base, dilaté, arrondi sur les côtés, très convexe en dessus ; écusson très petit ; élytres dilatées, arrondies, sur les côtés, ovales ; épaules angulées ; jambes armées d'un fort crochet recourbé au sommet ; tarses élargis, fortement spongieux en dessous.

Les Molytes se trouvent sous les pierres, dans la terre et le gazon.

M. CORONATUS. Schœnner. Long. 12 millim. Corselet finement chagriné, noir un peu brillant, arrondi sur les côtés ; élytres élégamment et également coriacées ; cuisses dentées.

M. GERMANUS. Schœnner. Long. 12 millim. Corselet ponctué, arrondi avec deux taches latérales ; élytres coriacées avec quelques taches jaunâtres poilues ; cuisses dentées.

M. CRIBLUM. Schœnn. Très petit, ovale noir luisant, glabre ; antennes et pattes d'un brun ferrugineux ; corselet à points écartés ; élytres ponctuées, striées, à intervalles étroits, élevés, presque à côtes.

PHYTONOMUS. Schœnner. φυτον, plantes ; νομος, qui vit. Corps quelquefois ailé, parfois aptère, ovale, oblong ; yeux déprimés, ovales, sublatéraux ; bec de la longueur du corselet arqué, cylindrique ; scrobe allongé assez étroit, obliquement dirigé vers l'œil ; antennes dirigées vers le sommet ou le tiers antérieur du bec, assez grêles ; scape atteignant aux yeux, premier et deuxième article du funicule assez allongés, obconiques, troisième et septième courts ; massue ovale ; corselet tronqué à la base et au sommet, plus étroit en avant ; écusson petit ; élytres ovales, oblongues ou courtement ovales ; sommet des jambes mutiques ou n'offrant aux quatre antérieures qu'une courte épine rudimentaire.

Les larves des Phytonomus vivent à ciel ouvert, de même que l'insecte parfait, sur les feuilles des végétaux, surtout les Rumex, le Sium Latifolium, le Polygonum aviculare , Medicago Sativa , etc.

P. TIGRINUS. Schœnn. Oblong, noir, velu , à squamules cendrées ; antennes et jambes d'un brun roux ; corselet élargi, avec deux lignes dorsales brunes ; élytres à taches noires et brunes articulées.

P. MIXTUS. Schœnn. Ovale, oblong , squamules agréablement ombrées ; antennes et pattes testacées ; corselet avec deux lignes pâles sur les côtés ; élytres finement striées , ponctuées avec deux points au tiers postérieur et une large tache à l'extrémité.

P. MURINUS. Schœnn. Noir à squamules cendrées ; corselet arrondi, biliné de brun ; élytres à stries blanches, ponctuées de noir ; suture brune.

P. VARIABILIS. Schœnn. Noir à squamules cendrées ; antennes et pattes ferrugineuses ; corselet gris cendré , avec deux lignes dorsales brunes ; élytres de la même couleur, ponctuées de brun.

P. MELES. Schœnn. Noir brun à pubescence cendrée ; corselet arrondi, convexe, triliné, à poitrine d'un bronzé écailleux ; élytres variées de brun et de blanc et une tache transversale blanche à leur tiers postérieur.

P. **nigrirostris**. Schœnn. Noir brun ; antennes et pattes fauves ; corselet allongé, orné de trois lignes longitudinales vertes ; bec médiocre ; glabre noir, légèrement arqué ; élytres vertes.

PHYLLOBIUS. Schœnner. φυλλον, feuille ; βιοω, je vis. Corps oblong ; tête prolongée derrière les yeux, ceux-ci sont saillants, arrondis, très convexes ; bec de la longueur de la tête, épaissi, arrondi, presque droit ; scrobe court, profond, disparaissant en arrière ; antennes insérées vers le sommet du bec ; scape atteignant presque le bord antérieur du corselet ; les deux premiers articles du funicule allongés, les suivants plus courts, obconiques ou noueux ; massue ovale ou oblongue ; corselet à peu près carré, plus large au milieu, tronqué en avant et en arrière, arrondi sur les côtés, plus étroit antérieurement ; élytres oblongues, tronquées à la base, à épaules obtusément angulées et saillantes ; cuisses dentées ou mutiques ; jambes sans épines au sommet ; angles des tarses rapprochés, soudés dans leur moitié basilaire.

P. **pyri**. Schœnn. Noir, couvert de squamules vertes, soyeuses, brillantes, presque dorées ; corselet court, étroit en avant, convexe en dessus ; écusson triangulaire, à peine visible.

Il vit sur les feuilles des arbres fruitiers.

P. **argentatus**. Schœnn. Corps couvert de squamules dorées brillantes ; cuisses épineuses ; antennes et pattes testacées et brillantes.

P. **oblongus**. Schœnn. Oblong, étroit ; corselet allongé, noir ; antennes et pieds roux ; élytres testacées, finement ponctuées, striées et velues.

P. **betulæ**. Schœnn. Ovale oblong, couvert de squamules arrondies d'un vert doré luisant, pubescent ; antennes, jambes et tarses testacés ; bec plus étroit que la tête, canaliculé.

P. **mali**. Schœnn. Ovale, oblong ; corselet brun, chagriné ; élytres couvertes de poils rougeâtres d'un brillant métallique ; antennes et pattes rouges testacées.

P. **uniformis**. Schœnn. Petit ; d'un vert clair métallique brillant ; antennes et pattes pareilles. Hab. sur les genêts.

OMIAS. Germar. Schœnn. ὠρίας, qui a de larges épaules. Corps ovale, oblong ; yeux arrondis, assez convexes ; bec court, épais ; scrobe court, large, courbé, effacé en arrière ; antennes insérées vers le sommet du bec ; scape atteignant le bord antérieur du corselet, les deux premiers articles du funicule obconiques, trois à sept noueux, arrondis ; massue ovalaire ; corselet tronqué à la base et au sommet, arrondi sur les côtés ; élytres ovales oblongues ; un crochet aux jambes antérieures ; ongles des tarses plus ou moins rapprochés et soudés à leur base.

On trouve les Omias sous les pierres, dans les détritus de végétaux, quelquefois dans le gazon, au pied des arbres.

O. **brunnipes**. Oliv. J. Duval, pl. 14, fig. 66. Corps ovale, oblong, noir brun, luisant, parsemé de poils rares et blancs ; bec court et large, avec une impression en dessus ; corselet convexe, arrondi, finement pointillé ; élytres ovales, ponctuées ; épaules saillantes ; antennes et pattes testacées.

PERITELUS. Germar. Schœnn. Περί, très, beaucoup ; τελειος, parfait. Corps ovale, oblong, revêtu de squamules ; yeux arrondis, convexes ; bec un peu plus long que la tête, carré, avec des inégalités en dessus ; scrobe assez large, profond, empiétant notablement sur le dessus du bec ; antennes insérées vers la partie antérieure du bec ; scape long, linéaire, un peu épais vers le sommet, dépassant le bord antérieur du corselet ; les deux premiers articles du funicule assez allongés, obconiques, trois à sept assez courts, turbinés ou lenticulaires ; massue ovale, oblongue ; corselet court, tronqué à la base et au sommet, arrondi sur les côtés ; écusson invisible ; élytres ovales ; jambes antérieures offrant au sommet une petite épine aiguë ; ongles des tarses rapprochés, soudés vers leur moitié basiliaire.

P. **griseus**. Corps ovale, oblong, couvert de squamules grises cendrées ; une légère dépression sur le front ; corselet chagriné ; élytres striées, ponctuées.

Il vit sur les végétaux, sous les pierres, au pied des plantes.

OTIORHYNCHUS. Germar. Schœnner. **brachyrhinus**. Lat.

οτιον, petite oreille; ρυγχος, bec. Corps ovale, oblong ; yeux arrondis, convexes ; bec horizontal plus long que la tête et un peu plus étroit, épaissi au sommet et échancré à l'extrémité ; scrobe droit, oblong, assez large , moins marqué postérieurement ; antennes longues, le plus souvent assez grêles, insérées vers le sommet du bec ; scape atteignant le bord antérieur du corselet ; les deux premiers articles du funicule assez allongés, obconiqnes, trois à sept plus courts, turbinés en lenticulaires ; corselet tronqué à la base et au sommet, dilaté, arrondi sur le milieu des côtés ; écusson à peu près nul ; élytres ovales ; jambes antérieures offrant au sommet une petite épine plus ou moins distincte ; ongles des tarses libres, écartés.

Les Otiorhynchus, nombreux en espèces, vivent sur les végétaux ; leurs larves rongent leurs racines et les font souvent mourir. Pour en faciliter l'étude, on les a partagés par groupes qui se distinguent par la longueur et la forme des funicules et par les cuisses mutiques ou distinctement dentées.

O. LIGUSTICI. Schœnn. Long. 12 millim. Corps noir , couvert de squamules grises cendrées ; bec et tête velus ; corselet grisâtre, couvert de petits points élevés noirs et luisants ; élytres granuleuses, striées, ponctuées sur le bord ; cuisses antérieures dentées.

O. GRISEO-PUNCTATUS. Dej. Schœnn. Corps noir, avec quelques squamules grises plus rares sur les élytres que sur le corselet ; bec canaliculé ; corselet chagriné; élytres noires, parsemées de quelques squamules d'un blanc gris et striées rugueuses qui les font paraître comme profondément cancellées, cuisses dentées.

Sa larve, composée de onze articles, est blanche et la tête rougeâtre, ce qui lui donne un peu l'aspect d'une jeune larve de hanneton. Elle se trouve et se nourrit sur l'écorce des camellias, à l'insertion de la tige et de la racine, et lorsque la plante est entièrement rongée à son collet, elle meurt. Cet insecte fut découvert pour la première fois en 1849, et causa beaucoup de ravages dans les collections de camellias; quelques jardiniers prétendirent qu'il avait été importé dans notre département avec de la terre de bruyères d'Angers, mais rien n'est moins certain.

O. UNICOLOR. Schœnner. Ovale, noir, glabre, luisant ; corselet chagriné ; élytres ovales, striées plus ou moins profondément, chagrinées et rugueuses ; cuisses mutiques.

O. PICIPES. Schœnn. J. Duval, pl. 19, fig. 72. Corps ovale, brunâtre, couvert de squamules cendrées ; bec caréné ; corselet couvert de points assez élevés ; élytres striées avec des lignes longitudinales de points élevés de même que les intervalles ; cuisses un peu dentées.

O. RAUCUS. Schœnn. Noir, ovale ; antennes et pattes d'un roux brun ; élytres profondément striées, ponctuées, mélangées d'une pubescence grise et brune ; corselet chagriné et une petite ligne longitudinale élevée sur sa partie moyenne ; cuisses mutiques.

O. FUSCIPES. Schœnner. Noir, oblong, glabre luisant ; corselet oblong, très rétréci au sommet, chagriné ; élytres très confusément striées, mais chagrinées sur toute leur surface ; pattes d'un roux obscur ; tarses noirs ; cuisses mutiques.

LIXUS. Fabr. Schœnner. Corps allongé, étroit ; bec allongé, arrondi, légèrement arqué ; scrobe étroit, linéaire, très oblique, s'inclinant au-dessous des yeux ; antennes médiocres, insérées vers le milieu du bec ; scape un peu plus court que le funicule, qui est de sept articles, dont les deux premiers sont obconiques, les autres courts, serrés, le septième épais, appliqué contre la massue qui est oblongue, un peu fusiforme ; corselet conique resserré au sommet, bisinué à la base ; écusson très petit ; élytres allongées, plus ou moins divergentes entre elles à leur extrémité, dépassant un peu l'abdomen ; les crochets des tarses sont très grands et très forts, leur corps est souvent couvert d'une poussière ou écailles farineuses grises ou jaunâtres, qui s'attachent aux doigts quand on les saisit, et laissent paraître la couleur noire de leur corps.

Les larves des Lixes vivent dans les végétaux, dont ils rongent la moëlle. On les trouve aussi à l'état parfait sur ces mêmes végétaux, et parfois sous les pierres ; ils sont ailés, mais ils marchent avec lenteur.

L. paraplecticus. Fab. Schœnn. Long. 16 millim. Très allongé; yeux petits, ronds et saillants ; élytres terminées en deux pointes d'une ligne de longueur, très divergentes ; entièrement couvertes d'écailles fauves et verdâtres plus intenses sur les côtés du corps et en dessous de l'abdomen.

Sa larve est d'un blanc de lait, la tête brune, elle est longue de 12 à 14 millimètres ; elle vit dans la partie submergée de l'Œnanthe Phellandrium.

L. ascanius. Schœnn. Long. 11 millim. Bec court, noir ; corps parsemé d'un duvet rougeâtre ; abdomen, côtés du corselet et des élytres blanchâtres. Hab. sur les Rumex.

L. filiformis. Schœnn. Long. 5 à 6 millim. Noir ; antennes et tarses rougeâtres ; élytres ayant des séries profondes de points; un duvet fauve jaunâtre, forme quelquefois des lignes distinctes.

Il vit sur la Bardane.

L. bicolor. Schœnn. Long. 7 millim. Allongé, noir, couvert d'une poussière jaunâtre brune ; bec plus court que le corselet, droit, caréné ; yeux entourés de jaune velu ; corselet conique, variolé, avec une ligne jaune de chaque côté ; élytres ponctuées, striées, parsemées de points blanchâtres ; abdomen ponctué de noir. Hab. sur les genêts. Croisic.

LARINUS. Germar. Schœnn. λαρινος, épais. Corps ovale, oblong ; yeux perpendiculaires oblongs ; bec de longueur variable, épais, arrondi, un peu arqué ; scrobe étroit, linéaire, flexueux, oblique ; antennes courtes, fortes, insérées un peu avant le milieu du bec ; scape court ; funicule de sept articles, le septième appliqué contre la massue, qui est ovale, oblongue ; corselet moins long que large en arrière, bisinué à la base, resserré au sommet ; écusson très petit ; élytres ovales, plus larges que le corselet, arrondies à la base ; jambes armées d'un crochet au sommet ; ongles des tarses rapprochés, soudés à la base.

L. sturnus. Schœnn. Noir ; bec plus long que le corselet, pointillé, caréné à la base; corselet rugueux, pointillé, ridé ; élytres finement et transversalement rugueuses, ponctuées,

striées, marquées de gris. Hab. sur les Cirsium et plusieurs car-
duacées.

L. CARLINÆ. Schœnner. RHINOBATUS. Fab. Noir, ovale, oblong;
corselet chagriné ; élytres avec des stries de points enfoncés et
parsemés de taches pubescentes grises. Hab. sur les chardons
et surtout la carline. Pornic.

PISSODES. Germ. Schœnn. πισσοδυς, couleur de poix. Corps
oblong ; yeux convexes ; bec à peu près de la longueur du corselet, assez mince, arrondi, un peu arqué ; scrobe profond,
linéaire, oblique ; antennes médiocres, insérées vers le milieu
du bec ; scape un peu courbé, atteignant presque aux yeux ;
funicule de sept articles, les deux premiers obconiques, les suivants plus courts, plus larges ; massue ovale ; corselet rétréci
en avant, tronqué au sommet, bisinué à la base ; écusson bien
distinct ; élytres oblongues, à peine un peu plus larges que la
base du corselet ; jambes armées d'un fort crochet recourbé ;
ongles des tarses écartés, libres.

P. PINI. Schœnn. Germar. Long. 10 à 12 millim. Corps d'un
brun marron, quelquefois couvert de squamules cendrées ; le
corselet a quelques taches roussâtres, formées par des squamules ; les élytres ont des stries de points enfoncés assez gros,
elles ont un tubercule sous leur partie postérieure et quelques
lignes transversales grises.

Trouvé sur les pins, aux Dervallières. Août.

P. NOTATUS. Schœnn. J. Duval, pl. 17, fig. 89. Noir ou brun
foncé, deux taches blanches de chaque côté du corselet, avec
une ligne longitudinale élevée au centre, et une granulation fine
et serrée ; élytres profondément striées, ponctuées, les intervalles chagrinés et granulés ; écusson blanchâtre, et une large
tache blanche sur le tiers postérieur de chaque élytre, accom-
pagnée d'une tache rouge plus extérieure et une même tache
rouge sur le tiers antérieur ; la même tache rouge se voit sur la
partie supérieure et moyenne des cuisses. Hab. sur les Coni-
fères.

MAGDALINUS. Germar. THAMNOPHILUS. Schœnner. Corps
allongé, atténué en avant, élargi en arrière ; yeux grands, ovales,

rapprochés sur le front ; bec plus ou moins long, linéaire, arqué, cylindrique ; scrobe linéaire, oblique , descendant sous l'œil ; antennes médiocres ; scape atteignant au bord antérieur de l'œil, arqué en massue ; funicule de sept articles, le premier épaissi, le deuxième oblong, les suivants courts ; massue ovale, oblongue ; corselet à peu près carré ; écusson distinct ; élytres allongées, oblongues, ne couvrant point entièrement l'abdomen ; jambes armées d'un fort crochet recourbé au sommet ; ongles des tarses écartés, libres.

M. stygius. Gyll. **aterrimus.** Fabr. Jacques Duval , pl. 18, fig. 83. Noir ; corselet carré , denté de chaque côté, légèrement ponctué ; élytres striées, ponctuées, les intervalles assez élevés, sont chagrinés ; bec court, large ; cuisses dentées.

Sa larve se trouve quelquefois en très grande quantité sous les écorces de l'orme ; parvenue à sa dernière période, elle s'enfonce dans le bois et s'y métamorphose en insecte parfait. C'est à cet insecte qu'il faut attribuer la mort des arbres de la Bourse de notre ville, car, lors de leur chute en 1855, je pris des morceaux d'écorce remplis de larves, et trois semaines après, j'avais des insectes parfaits, en très bon état, et pendant une absence que j'eus le malheur de faire , une servante maladroite les prenant probablement pour des punaises, mit le tout au feu. Je ne pus en sauver qu'un misérable débris.

M. violaceus. Schœnn. **thamnophilus.** Dej. Noir, bleu ; tête un peu pointillée ; corselet carré , avec une pointe assez aiguë de chaque côté et antérieurement ; élytres bleues , ponctuées, striées, les intervalles chagrinés ; bec légèrement arqué.

Cet insecte a été trouvé dans un grenier dans lequel on avait serré une certaine quantité de bois de sapin.

ERIRHINUS. Schœnner. ερι, beaucoup ; ριν, nez. Corps oblong ou ovale ; bec long, variable pour quelques espèces, cylindrique , linéaire, arqué, parfois presque filiforme ; scrobe linéaire, oblique ; antennes assez allongés, grêles, insérées le plus souvent vers le tiers antérieur du bec ; scape très allongé, atteignant presque au bord antérieur des yeux ; funicule de sept articles ; massue ovale, oblongue ; corselet tronqué à la base, arrondi sur les côtés , étroit au sommet ; écusson distinct ; élytres ovales plus larges que le corselet ; jambes armées d'un crochet au sommet ; ongles des tarses écartés, libres.

E. **bimaculatus**. Schœnn. Noir , bec long et recourbé; corselet chagriné, avec une ligne blanche de chaque côté et une ligne élevée au milieu ; élytres velues , pubescence grise, surtout sur les côtés, striées et les intervalles chagrinés avec un point blanc sur le disque de chaque élytre. Hab. sur le Scirpus Palustris.

E. **achidulus**. Schœnn. Noir, couvert de pubescence grise ; bec très long , arqué, noir ; élytres striées, ponctuées, les intervalles rugueux.

E. **scirpi**. Schœnn. J. Duval, pl. 18, fig. 86. Noir opaque, à poils bruns ; bec très long, strié ; corselet avec une ligne élevée au centre ; élytres striées, les intervalles rugueux.

De même que le précédent, celui-ci se trouve sur les plantes de marais.

E. **festucæ**. Germ. J. Duval, fig. 85. Corselet chagriné, avec deux lignes latérales jaunâtres ; bec très long, pubescence grise sur les élytres, formant des lignes obliques, dont les postérieures sont plus apparentes. Hab. sur les hautes herbes.

E. **vorax**. Schœnn. **dorytomus**. Germ. Noir brun, à pubescences grises, inégales ; bec très long, menu, arqué, noir, strié en dessus ; corselet presque rond ; cuisses dentées ; élytres ponctuées, striées, variées de gris et de noir, parsemées de nombreuses taches d'un cendré pubescent.

La larve de cet insecte attaque les bourgeons de nos poiriers et les fait tomber en poussière ; il faudrait, pour détruire les œufs et les larves renfermés dans les bourgeons et l'écorce, laver l'arbre avec une dissolution de savon noir.

E. **dorsalis**. Schœnn. **dorytonus**. Germ. Latr. J. Duval, pl. 18, fig. 84. Corselet noir, chagriné, caréné ; élytres rouges ; les deux tiers de la suture noirs ; bec long, arqué et strié ; cuisses dentées ; jambes droites, les antérieures plus longues que les autres.

Mêmes mœurs que le précédent.

HYDRONOMUS. Schœnner. υδωρ, eau ; νομος, qui se repaît. Corps allongé ; bec à peu près de la longueur du corselet, épais, arrondi, arqué ; scrobe linéaire, bien marqué, oblique, se dirigeant vers le milieu de l'œil ; antennes médiocres, grêles, insérées un peu avant le milieu du bec ; scape atteignant près le bord antérieur des yeux ; funicule de sept articles, le premier épais, ovale, oblong, deuxième obconique, les autres courts, serrés ; massue ovale ; corselet carré, tronqué à la base, arrondi sur les côtés ; écusson petit, arrondi ; élytres allongées, atténuées au sommet, plus larges que le corselet ; pieds grêles, allongés, toutes les jambes sinuées et courbées au sommet, terminées par un fort crochet aigu ; tarses étroits, ongles écartés, libres.

H. ALISMATI. Schœnner. Noir, couvert de squamules cendrées blanchâtres ; bec court, droit, une impression de chaque côté du corselet ; élytres striées, ponctuées, intervalles plats. Hab. sur l'Alisma Plantago. A la Verrière.

ANTHONOMUS. Germar. ανθος, fleur ; νομος, demeure. Corps ovale oblong, convexe ; yeux arrondis, saillants ; bec assez allongé, mince, filiforme, arqué ; scrobe linéaire, peu oblique ; antennes de longueur médiocre, grêles, insérées un peu avant le milieu du bec ; funicule de sept articles ; massue ovale, oblongue ; corselet bisinué et tronqué à la base, rétréci au sommet ; écusson arrondi ; élytres ovales, plus larges que le corselet ; pattes antérieures plus longues que les autres ; jambes terminées par un crochet aigu ; ongles des tarses bifides.

A. RUBI. Schœnn. Petit, à peine 2 millim. 1[2. Noir, pubescent ; écusson blanc ; corselet finement chagriné ; cuisses dentées.

Il est assez commun sur le Rubus Cœsius.

A. POMORUM. Schœnn. J. Duval, pl. 20, fig. 63. Long. 3 millim. Noir brun, pubescence cendrée ; élytres rougeâtres, striées, ponctuées, avec une bande noire oblique ; bec mince et arqué.

Sa larve se loge dans le calice de la fleur du pommier et la fait souvent mourir.

BALANINUS. Germ. Schœnn. Βαλάνινος, qui naît d'un gland.

Corps ovale ; yeux grands, déprimés, arrondis ; bec très long, filiforme, grêle, arqué ; scrobe étroit, linéaire ; antennes longues et grêles, insérées plus proche de la base du bec chez les femelles ; funicule de sept articles, les deux premiers plus longs, les autres graduellement plus courts ; massue ovale, oblongue ; corselet conique, bisinué à la base, plus étroit en avant, arrondi sur les côtés en arrière ; écusson arrondi ; élytres subcordiformes ; épaules saillantes, arrondies ; cuisses dentées ; une petite épine aiguë aux jambes antérieures ; ongles des tarses dentés intérieurement à leur base.

B. NUCUM. Schœnn. Long. 8 millim. Bec très long, filiforme, caréné, strié ; corps couvert de squamules jaunâtres ; funicule des antennes velu ; cuisses dentées.

La larve ronge les noisettes, d'où elle sort par un trou très rond, pour se transformer dans la terre.

B. CRUX. Schœnn. Très petit, noir ; une bandelette sur le corselet et une croix très blanche sur les élytres.

On le trouve assez fréquemment sur les saules.

B. PYRRHOCERAS. Schœnn. Long. à peine 2 millim. Noir, à légère pubescence cendrée ; antennes testacées, à massue noirâtre ; élytres striées, à intervalles étroits ; bec long et menu. Hab. les saules.

TYCHIUS. Germar. Corps ovale oblong ; bec plus ou moins allongé, arqué, cylindrique, mince, linéaire, quelquefois un peu épais à la base ; scrobe infléchi en dessous, oblique, dirigé vers la partie inférieure de l'œil ; antennes médiocres, insérées un peu en avant du milieu du bec ; scape n'atteignant point aux yeux ; funicule de sept articles, les deux premiers assez allongés, les suivants tronqués au sommet, plus larges et plus courts ; massue ovale, oblongue ; corselet transversal tronqué au sommet et à la base, très arrondi sur les côtés, étroit en avant ; écusson très petit ; élytres ovales, couvrant entièrement l'abdomen ; cuisses dentées ou mutiques ; jambes antérieures armées d'un petit crochet au sommet ; ongles des tarses simples ou offrant entre eux un petit appendice.

T. 5-PUNCTATUS. Schœnn. D'une belle couleur rouge dorée ;

corselet arrondi, convexe, avec une ligne blanche longitudinale au centre, deux taches blanches sur les parties latérales de chaque élytre, dont la suture est d'un beau blanc écailleux ; cuisses dentées ; dessous du corps blanc ; antennes et pattes ferrugineuses.

On le trouve assez souvent sur les Légumineuses.

T. sparsutus. Schœnn. J. Duval, pl. 20, fig. 95. Noir brun ; bec long, filiforme, arqué : corselet arrondi, convexe, avec une tache d'un blanc gris de chaque côté : élytres variées de blanc et de noir ; cuisses mutiques.

Il est très commun sur le genêt. A Petit-Port.

T. venustus. Schœnn. Noir, couvert de squamules et de poils gris cendré ; élytres striées, intervalles plats ; bec, antennes et tarses ferrugineux. Hab. sur le melilot. Aux Cléons.

ANOPLUS. Schapp. αν, sans ; οπλη, ongle. Corps courtement ovale ; antennes médiocres, menues : funicule de sept articles, le premier long, les autres plus courts ; massue ovale ; scrobe fortement infléchi en dessous ; scape atteignant au bord antérieur des yeux ; corselet court, transverse, bisinué à la base, arrondi sur les côtés, plus étroit en avant, tronqué au sommet ; écusson bien distinct ; élytres ovales, recouvrant l'abdomen ; toutes les jambes offrant au sommet un petit crochet très visible ; tarses par une très remarquable exception de trois articles apparents seulement, le troisième élargi et revêtu d'une brosse en dessous, le quatrième tout à fait caché ou nul.

A. plantaris. Schœnn. J. Duval, pl. 22, fig. 104. Petit, à peine 1 millim. 1/2. Noir, convexe ; corselet chagriné ; écusson blanc ; élytres striées ; bec court, épais. Hab. sur l'aulne et le bouleau.

ORCHESTES. Illiger. Schœnn. ορχηστης, sauteur. Corps ovale ou oblong ; yeux grands, arrondis, convexes ; bec assez allongé, infléchi, arqué ; scrobe linéaire, obliquement dirigé vers la partie inférieure de l'œil ; antennes médiocres, grêles, insérées un peu plus près des yeux que du sommet du bec ; scape atteignant au bord antérieur des yeux ; funicule de six articles, les trois premiers un peu allongés ; massue articulée, ovale, oblongue ; corselet petit, court, arrondi sur les côtés ; écusson petit, distinct ; élytres ovales, plus larges que le corselet ; pattes postérieures propres au saut, à cuisses grandes, renflées et denticulées inférieurement ; jambes antérieures ayant un petit crochet au sommet ; ongles des tarses dilatés et une espèce de grosse dent à leur base.

Les Orchestes vivent sur les arbres, le chêne, le saule, le peuplier, l'aulne.

O. QUERCI. Schœnn. Corps d'un jaune roux ; tête et corselet noirs ; élytres avec une tache antérieure triangulaire d'un cendré pubescent ; cuisses antérieures dentées ; écusson blanc.

O. MELANOCEPHALUS. Schœnn. Corselet et élytres rouges ; moins pubescent que le précédent ; tête noire.

Il vit sur l'ormeau.

O. ALNI. Schœnn. J. Duval, pl. 22, fig. 105. Tête noire ; corselet et élytres rouges , pubescent, une tache noire à la partie antérieure des élytres et une autre pareille, mais ronde, vers la partie moyenne ; cuisses dentées.

O. POPULI. Schœnn. J. Duval, pl. 22, fig. 106. Noir, pubescent ; élytres striées, ponctuées ; antennes et pattes rouges ; cuisses postérieures avec une bande noire ; jambes mutiques. **Hab.** sur le peuplier, le saule, etc.

O. ILICIS. Schœnn. Ovale, oblong, convexe, noir varié d'une pubescence d'un cendré blanchâtre ; antennes et tarses testacés ; cuisses postérieures grandes dentées en scie.

O. SALICETI. Fabr. Schœnn. Ovale, oblong, noir ; corselet noir ; la partie antérieure des élytres couverte d'un duvet gris et soyeux, avec une ligne blanche à la partie postérieure et deux points blancs sur les parties latérales ; cuisses postérieures dentées.

O. STIGMA. Schœnn. Ovale, oblong, noir ; corselet large à la base, déprimé en avant ; élytres striées, ponctuées ; écusson blanc ; cuisses mutiques. Hab. sur l'ormeau, le hêtre, etc.

O. FAGI. Schœnn. Entièrement noir, sans tache, couvert de pubescence fine, stries de points enfoncés sur les élytres ; cuisses unidentées, les postérieures épaisses, anguleuses.

O. **pilosus**. Schœnn. Noir, velu, varié de gris, jaunâtre ; écusson blanc ; cuisses postérieures denticulées ; antennes et pattes testacées.

BAGOUS. Germar. Antennes courtes, grêles ; funicule de sept articles, les deux premiers allongés, les autres perfoliés, ramassés s'élargissant vers l'extrémité ; massue grande, ovale ; bec court, robuste, arqué, cylindrique ; corps oblong, ovale, ailé, souvent écailleux ; corselet presque cylindrique, échancré en avant, ayant en dessous un sillon court ; écusson petit, arrondi ; élytres oblongues, à angles huméraux obtus ; pattes longues ; jambes arquées vers l'extrémité et armées d'un onglet pointu ; tarses étroits et longs.

B. **binodulosus**. Schœnn. Noir brun ; corselet rugueux ; élytres striées, avec des intervalles alternativement plus élevés et deux callosités à la partie postérieure.

On trouve les Bagous dans les lieux humides, sur les plantes marécageuses. Boire de la Verrière.

BARIDIUS. Schœnner. βᾶρις, navire ; εἶδος, forme. **baris.** Germar. Corps oblong ; yeux latéraux, déprimés ; bec assez long, mince, un peu arqué ; scrobe fortement infléchi en dessous ; antennes insérées plus ou moins en avant du milieu, assez courtes ; funicule de sept articles, les deux premiers allongés, les suivants courts, un peu noueux, élargis en dehors ; massue ovale, corselet bisinué à la base, étroit antérieurement ; écusson petit, mais distinct ; élytres oblongues, le plus souvent ne recouvrant pas entièrement l'abdomen ; jambes armées d'un petit crochet au sommet.

Les larves de ces insectes vivent dans l'intérieur des plantes.

B. **artemisiæ**. Schœnn. Oblong ; noir luisant ; bec pointillé ; corselet étroit, ponctué ; élytres striées, ponctuées. Hab. sur l'Artémisia absinthium. Ancenis.

B. **chloris**. Schœnn. Oblong, glabre, verdâtre en dessus, noir bleuâtre en dessous ; corselet médiocrement ponctué ; élytres striées.

Cet insecte se trouve sur les colzas et parfois leur est très nuisible.

B. cuprirostris. Schœnn. Petit, allongé, presque cylindrique, entièrement d'un vert cuivreux brillant ; le bec et le corselet finement pointillés ; élytres striées, intervalles plats et lisses.

Ce joli insecte se trouve sur les choux. Il m'a été donné par M. Vaudouer.

B. T. album. Schœnn. Allongé, linéaire, noir luisant, blanc sur les côtés de l'abdomen ; bec et corselet pointillés ; élytres striées, les intervalles plats et pointillés. Hab. dans les lieux humides.

CRYPTORHYNCHUS. Illiger. Κροπτὸς, caché ; ρόγχος, bec. Antennes courtes, grêles ; funicule de sept articles, les trois premiers légèrement allongés, coniques, les derniers lenticulaires ; massue ovale ; bec assez long, arqué ; yeux latéraux ; corps ailé ; corselet plus large que long, fortement rétréci en avant ; ayant un sillon en dessous pour recevoir le bec ; écusson arrondi ; élytres ovales, convexes, rétrécies en arrière, à angles huméraux prononcés ; pattes longues et fortes ; tarses allongés, spongieux en dessous, à deux premiers articles trigones, le pénultième élargi et bilobé.

C. lapathi. Schœnn. Castel, pl. 22, fig. 6. J. Duval, pl. 24, fig. 117. Long. 9 millim. Noir opaque ; corselet varié de blanc et de noir ; élytres rugueuses, avec deux bandes d'un blanc écailleux, l'une à la base et l'autre au sommet ; des tubercules fasciculés, écailleux et noirs veloutés sur le corselet et les élytres : cuisses tachetées de blanc et bidentées chez les mâles.

C'est la seule espèce que nous ayons en Europe ; elle vit sur les saules, les peupliers noirs et les aulnes.

ACALLES. Schœnner. ακαλλπς, difforme. Corps plutôt arrondi qu'allongé, aptère, convexe ; bec allongé, arqué, cylindrique ; antennes médiocres, menues, insérées vers le milieu du bec ; funicule de six articles, les trois premiers allongés, les autres courts ; massue ovale, oblongue ; corselet court, tronqué à la base, arrondi sur les côtés, étroit antérieurement ; écusson nul ; élytres ovales, convexes, déclives en arrière ; pattes robustes.

A. roboris. Curtis. **A. navierensis.** Chevrolat. Noir brun ; corselet presque carré, rugueux, avec un sillon au centre ; élytres striées, ponctuées, rugueuses, avec des lignes articulées de noir et de blanc.

CEUTHORHYNCHUS. Schœnner. κευθω, je cache ; ρυγχος, bec. Corps ovale ou ovale oblong ; yeux latéraux arrondis ; bec environ de la longueur de la tête et du corselet, variant de force et de forme chez les différentes espèces ; scrobe linéaire, profond, plus ou moins oblique ; antennes médiocres et grêles, insérées vers le milieu du bec ; funicule de sept articles, les quatre premiers un peu allongés, les suivants plus courts, arrondis, ou subovalaires ; massue dégagée, ovale, oblongue ; corselet court, tronqué, bisinué à la base, plus ou moins dilaté, arrondi sur les côtés, étroit en avant, son bord antérieur élevé, réfléchi faiblement, lobé derrière les yeux, sillon pectoral plus ou moins marqué ; écusson à peine distinct ; élytres plus ou moins courtement ovalaires, généralement subdéprimées en dessus, plus larges que le corselet à leur point d'insertion, obtusément angulées aux épaules, ne couvrant pas toujours l'abdomen.

C. alboscutellatus. Schœnn. Ovale, noir, à squamules blanchâtres, rares en dessus, serrées en dessous ; corselet triangulaire, avec trois lignes longitudinales blanches et un tubercule de chaque côté ; élytres striées, avec une tache scutellaire d'un blanc écailleux.

Sur les chênes. A Petit-Port.

C. floralis. Schœnn. Noir, blanc et pubescent en dessous : corselet canaliculé, bituberculé, convexe ; élytres convexes, arrondies, striées, les intervalles plats, pubescents et très finement pointillés.

C. contractus. Schœnn. Ovale, noir, glabre en dessus ; dessous d'un cendré blanchâtre ; corselet bituberculé, étroit en avant ; élytres ponctuées, striées, noires bleuâtres, luisantes, intervalles lisses. Hab. sur les orties.

C. ericæ. Schœnn. Très petit, à peine 1 millim. Corselet noir, chagriné, avec deux tubercules de chaque côté ; élytres rougeâtres, striées, avec la suture blanche. Hab. sur les bruyères.

C. ECHII. Schœnn. Noir brun, blanc, écailleux en dessous ; tête et corselet d'un noir velouté, avec une ligne longitudinale au centre et deux lignes latérales obliques, celle du corselet est parfois partagée par une ligne horizontale qui forme une croix avec elle et une parallèle qui borde la partie postérieure du corselet ; les élytres sont linéolées de lignes longitudinales et de transversales presque en forme de rézeau et quelques taches blanches à la partie postérieure.

Ce joli insecte se trouve communément sur l'Echium vulgare quand il commmence à se dessécher, en juillet.

C. BORRAGINIS. Schœnn. Noir opaque, pubescent ; corselet visiblement canaliculé et rugueux, rétréci en avant ; élytres striées, très obtusément ponctuées. Hab. sur les Borraginées et sur le Nasturtium officinale.

C. TROGLODITES. Schœnnn. Noir brun ; corselet rugueux, avec trois lignes grises ; élytres profondément striées, ponctuées. **Hab.** sur les chardons.

C. ALAUDA. Schœnn. Noir brun ; tête et corselet couverts de points très petits et élevés ; élytres pubescentes, très régulièrement striées et ponctuées. Hab. sur les trèfles, la luzerne.

C. GUTTULA. Schœnn. Noir en dessus, gris en dessous ; bec noir ; corselet rugueux, ayant une ligne dorsale enfoncée et un tubercule de chaque côté ; élytres finement striées, les intervalles très plats, un point blanc à l'extrémité et des épaules très marquées, presque tuberculeuses. Hab. sur les ciguës. A la Verrière.

C. DIDYMUS. Schœnn. Brun en dessus, gris en dessous ; corselet chagriné, entouré de taches blanches, canaliculé au centre ; élytres striees, les intervalles élevés, couverts d'une pubescence grise et des points blancs sur les parties latérales et une ligne noire veloutée au tiers postérieur de la suture. Hab. sur les plantes aquatiques.

CIONUS. Clairville. Oliv. Corps à peu près rond, parfois ovale, convexe ; yeux rapprochés vers le front ; bec allongé, filiforme, arqué ; scrobe linéaire, profond, infléchi en dessous ; antennes courtes, insérées un peu en avant du milieu du bec ; funicule de cinq articles, les deux premiers allongés, obconiques, les suivants plus courts, tronqués ou arrondis au sommet, graduellement plus larges ; massue oblongue ; corselet petit , transverse, sinué à la base , rétréci en avant ; écusson distinct ; élytres larges presque carrées ; cuisses dentées ; ongles des tarses un peu épaissis, le plus souvent inégaux chez les mâles, surtout aux pattes antérieures, le dernier article des tarses devenant alors plus long , parfois même on n'observe qu'un ongle unique et simple.

C. SCROPHULARIÆ. Schœnn. Noir ; corselet triangulaire , couvert de squamules blanches avec une ligne longitudinale enfoncée ; élytres agréablement couvertes de lignes articulées de points blancs et de points d'un noir velouté, et un point noir et rond sur la suture.

Je l'ai trouvé sur des pieds de Scrophulaire entre Trentemoult et la Haute-Ile.

C. VERBASCI. Schœnn. Noir ; corselet blanc, avec deux lignes longitudinales plus foncées ; élytres mélangées de points noirs et blancs, sur un fond brun foncé. Hab. sur la Molène.

C. THAPSUS. Schœnn. Corselet et élytres couverts de squamules d'une couleur verdâtre ; bec assez long et fort ; les élytres sur un fond gris offrent des lignes longitudinales variées de noir et de gris et en outre sur la suture, au centre , un point noir velouté et très rond.

Même localité que le précédent.

C. BLATTARIÆ. De Schœnn. Corselet blanc, avec une tache noire qui se confond avec une pareille, que l'on voit à la partie antérieure des élytres ; les parties humérales et latérales des élytres blanches, le milieu un peu plus noir, semblent former un rond assez grand , une tache noire à la partie postérieure.

Sur la Blattaire, à Clisson.

C. OLENS. Schœnn. Corselet et élytres couverts de poils gris blanchâtres , avec deux taches noires sur la suture, une plus grande au centre et une plus petite en arrière, deux sur les parties latérales et une tache humérale sur chaque élytre ; bec, pattes et antennes ferrugineux, velus.

Trouvé sur la Molène, à Oudon, par M. Grollau.

GYMENTRON. Schœnner. γυμνος, nu ; ητρον, ventre. Antennes courtes, grêles ; funicule de cinq articles, les deux premiers allongés, obconiques, les trois autres courts, arrondis ou un peu tronqués au sommet ; massue grande, brusquement séparée du funicule, acuminée, ovalaire, de quatre articles ; bec allongé, cylindrique, arqué ; corselet très court, transversal, à angles postérieurs arrondis, convexe en dessus ; écusson arrondi en arrière ; corps ovalaire, ailé ; élytres carrées ; jambes antérieures armées d'une petite dent à l'extrémité ; tarses spongieux en dessous, deux premiers articles triangulaires, le pénultième dilaté, bilobé.

G. GRAMINIS. Schœnn. Ovale, court, convexe, brun foncé, pubescent ; bec allongé, menu, arqué, plus long dans la femelle ; corselet arrondi à la base ; élytres striées, ponctuées, les intervalles à séries de poils ; cuisses postérieures obtusément dentées. Hab. sur les hautes herbes, Ancenis.

MECINUS. Germ. Schœnner. μεκύνω, j'allonge. Corps allongé, cylindrique ; yeux latéraux, ovales, un peu convexes ; bec un peu allongé, arqué ; scrobe linéaire, obliquement infléchi sous l'œil ; antennes courtes, insérées vers le milieu du bec ; funicule de cinq articles, les deux premiers plus allongés, les autres plus courts, arrondis ; massue ovalaire de quatre articles ; corselet un peu plus long que large, arrondi sur les côtés, rétréci en avant, convexe ; écusson petit, arrondi en arrière ; élytres allongées, recouvrant l'abdomen ; jambes armées d'un crochet au sommet ; ongles des tarses un peu épaissis vers la base.

M. HEMORRHOÏDALIS. Fabr. Pyraster. Germ. Corps allongé, linéaire, noir, pubescent ; bec plus court dans les mâles, mince, arqué, pointillé ; corselet ponctué très finement ; élytres ponctuées, striées, les intervalles aplatis sont couverts de petits points ; cuisses armées de dents aiguës. Hab. sur le poirier sauvage.

CALANDRA. Fabricius. RHYNCHOPHORUS. Schœnner. Antennes un peu épaisses, insérées presque à la base du bec ; funicule de six articles ; massue biarticulée, solide ; hanches

assez saillantes , écartées à leur base ; l'abdomen est généralement plus long que les élytres.

C. **ABBREVIATA**. Fabr. RYNCHOPHORUS ABBREVIATUS. Schœnn.
Long. 10 millim. Ovale, allongé, noir ; corselet plus long que
large, couvert de points enfoncés, épars, avec une ligne longitudinale peu élevée ; élytres finement striées ; les intervalles plats
et assez larges, sont couverts de points enfoncés et alternent
pour leur élévation. Hab. dans les champs de luzerne.

C. **GRANARIA**. Clairv. J. Duval, pl. 29, fig. 140. SITOPHILUS
GRANARIUS. Schœnn. Noir, oblong, linéaire ; corselet presque de
la longueur des élytres, couvert de points enfoncés, parmi lesquels on en aperçoit quelques-uns allongés ; élytres striées et
ponctuées, surtout sur les parties latérales.

Cet insecte, malheureusement trop connu, et qui fait le désespoir de nos agriculteurs et plus encore celui de nos spéculateurs,
vient déposer son œuf sous la pellicule du grain ; cet œuf éclot
en peu de jours, donne naissance à une larve petite, blanche,
molle, composée de neuf anneaux de consistance cornée, munie
de fortes mandibules, au moyen desquelles elle agrandit jour-
nellement sa demeure, faisant tourner au profit de son accroissement la substance farineuse dont elle se nourrit. Arrivée au
terme de sa grandeur, elle se métamorphose en nymphe, et au
bout de huit à dix jours, suivant la chaleur de l'atmosphère,
elle se transforme en insecte parfait, qui perce l'enveloppe du
grain. Lorsque la température est favorable, les moments de la
copulation, de la ponte, des diverses métamorphoses, sont tellement rapprochés, que d'après un calcul de Degéer, un seul
couple de Calandres, y compris toutes les générations de l'année, peut produire par an 23,600 individus. Pour préserver les
greniers de l'envahissement de cet insecte si éminemment destructeur, plusieurs moyens ont été proposés, mais tous, jusqu'à
présent, sont restés insuffisants. L'on a remarqué que le rap-
prochement des sexes et la ponte des œufs ne pouvaient s'effec-
tuer au dessous d'une température de 9 degrés ; il serait donc
possible, au moyen d'une ventilation bien entendue et favorisée
par le voisinage d'une glacière et qui maintiendrait le thermomètre

au dessous de neuf degrés, de s'opposer au développement des Calandres.

Mais lorsque les grains sont envahis, il est un moyen d'assainissement que l'on peut employer avec quelque succès : les Charançons n'aiment point à être tourmentés, et ils se déplacent facilement ; or, d'après cette observation, placez dans une partie du grenier un petit tas de froment d'un mètre au moins de hauteur (car les insectes n'attaquent le blé jamais à la surface, ils commencent leur ravage seulement à dix centimètres de profondeur), remuez deux ou trois fois par jour toutes les autres parties du grenier, et vous verrez bientôt tous les Charançons se porter dans le petit tas immobile , alors vous le jetez dans l'eau bouillante et l'on renouvelle l'expérience. On prétend que si l'on désire avoir un succès plus complet, le tas de blé désinfecteur doit être de l'orge au lieu de froment, parce que, dit-on , les Charançons préfèrent l'orge au froment. C'est un essai à faire.

C. ORIZÆ. Dej. J. Duval. SITOPHILUS ORIZÆ. Schœnn. Cet insecte a beaucoup de rapport avec le précédent, seulement les granulations sur le corselet et les élytres sont bien plus marquées, et sur ces dernières, il y a deux taches rondes d'un beau rouge. Cet insecte a été évidemment importé de la Caroline et des pays où croît le riz , mais je l'ai vu en si grande quantité à l'Entrepôt dans des greniers à riz, que ces monceaux de riz paraissaient animés, et que j'ai cru ne pouvoir me dispenser d'en parler.

COSSONUS. Clairville. Ce genre diffère des Calandres par les antennes épaisses, insérées au milieu du bec et ayant huit articles avant la massue.

C. LINEARIS. Schœnn. J. Duval, pl. 29, fig. 141. Noir, brillant, glabre, un peu plat en dessus ; bec assez long , mince , un peu renflé à l'extrémité ; corselet oblong , bisinué à la base ; écusson distinct ; élytres allongées , obscurément ponctuées , striées ; jambes armées d'un fort crochet au sommet ; ongles simples.

Les Cossons habitent le vieux bois, sous les écorces.

DEUXIÈME FAMILLE.

LES XYLOPHAGES.

Σολον, bois; φαγος, mangeur.

Tête sans prolongement ni saillie, en forme de trompe ; antennes insérées devant les yeux de neuf à dix articles, toujours courtes, souvent plus grosses à leur extrémité ; quelquefois cependant, de même grosseur ou plus grêles ; palpes courts, presque filiformes, les maxillaires ordinairement plus courts que les labiaux ; labre allongé, un peu dilaté en cœur à son extrémité tarses le plus souvent de quatre articles, rarement de cinq; insectes la plupart de petite taille.

Les insectes de cette famille vivent la plupart dans le bois, leurs larves attaquent souvent les arbres, surtout les pins, les chênes.

Lorsque ces larves sont répandues en grande quantité dans une forêt, elles font périr et en très peu d'années, une prodigieuse quantité d'arbres qui étant perforés et sillonnés dans tous les sens, ne peuvent plus servir aux constructions.

HYLURGUS. Latreille. Massue des antennes solide, presque globuleuse, obtuse, peu ou point comprimée, annelée transversalement et le corps presque cylindrique.

H. ATER. Fabr. Noir ; tête cachée sous le corselet ; corselet plus long que large, un peu plus étroit en avant et arrondi en avant et en arrière, très finement pointillé ; élytres striées, ponctuées ; corps cylindrique.

H. FRAXINI. Latr. **HYLESINUS FRAXINI.** Fab. Dej. Corps ovale, oblong, noir, couvert de squamules jaunâtres ; corselet plus large que long, de la largeur des élytres, une tache jaunâtre à la base, assez large, entourée d'une ligne demi circulaire, plus large sur les extrémités latérales du corselet, qui sont elles-mêmes plus développées ; élytres ponctuées, sans stries, jaunâtres, avec quelques taches noires. Hab. sous l'écorce du frêne. C.

SCOLYTUS. Geoffroy. Corps comme tronqué obliquement en arrière ; antennes courtes, en masse solide, insérées très près du bord interne des yeux, qui sont très étroits, allongés et verticaux ; tête engagée dans un corselet en capuchon.

S. **destructor**. Oliv. Cuvier. pl. 61, fig. 3. Long. 7 millim. Antennes courtes de 9 articles ; corselet à peu près de la longueur des élytres, noir, très finement ponctué ; écusson triangulaire ; élytres rouges, tronquées, rebordées et couvrant l'abdomen sur les côtés ; antennes et pattes brun rougeâtre. Hab. sous l'écorce des arbres, où la larve trace des galeries tortueuses.

S. **pygmæus**. Latr. Très noir et luisant ; élytres brunes entières.

Même localité que le précédent.

BOSTRICHUS. Geoffroy. Corps cylindrique ; tête petite, arrondie, presque globuleuse, pouvant s'enfoncer sous le corselet jusqu'aux yeux ; antennes courtes, en masse solide comprimée ; élytres arrondies ; jambes antérieures élargies.

Les larves, de même que l'insecte parfait, vivent dans le bois.

B. **dactyliperda**. Fabr. Corps cylindrique, noir, pubescent ; corselet convexe, rugueux ; élytres tronquées carrément en arrière, ponctuées, avec une rangée de gros points enfoncés près de la suture.

APATE. Fabricius. Corselet bossu, plus large que la tête, en massue perfoliée.

A. **capucinum**. Fabr. Dumeril. pl. 17, fig. 1. **bostrichus capucinus**. Latreille. Long. 10 millim. Corselet arrondi, convexe, rugueux ; élytres d'un beau rouge, couvertes de points enfoncés inégaux. Hab. sous les écorces.

LATRIDIUS. Herbst. Illiger. Palpes très courts, terminés en alène ; la tête et le corselet plus étroits que l'abdomen ; le premier article des antennes fort gros et globuleux, les suivants très menus, capillaires et velus ; la tête est triangulaire et distincte du corselet, qui est plus large que long, et l'abdomen carré ou ovalaire.

L. **pubescens**. Illiger. Long. 2 millim. Noir pubescent ; corselet arrondi ; élytres ponctuées.

L. angusticollis. Schuppel. Fauve, quelquefois noir ; corselet très étroit, avec plusieurs lignes élevées longitudinales ; élytres profondément striées, ponctuées.

L. sculptilis. Schuppel. A peine 1 millim. Corselet carré, avec une ligne longitudinale enfoncée, les bords latéraux relevés et un bourrelet à la partie postérieure ; six séries de points enfoncés sur les élytres.

L. impressus. Latr. Brun ; corselet arrondi, avec un enfoncement à sa partie antérieure ; élytres pointillées, pubescentes.

L. porcatus. Herbst. Corselet noir, large, bordé ; élytres fauves, testacées, pointillées.

MYCETOPHAGUS. Fabricius. μυκετος, mousse ; φαγω, mange. Mandibules bidentées à leur extrémité ; mâchoires bilobées ; palpes maxillaires plus longs que les labiaux, ces derniers filiformes ; antennes à articles perfoliés, terminées insensiblement en massue à partir du sixième, le dernier ovoïde.

M. 4-maculatus. Fabr. Duméril. pl. 7, fig. 6. Long. 5 millim. Corps, tête, antennes et pattes fauves ; les antennes ont une partie de leur longueur noire ; le corselet et les élytres sont noirs, avec deux taches fauves sur chacune de celles-ci, qui en outre sont couvertes de lignes de points enfoncés et d'une pubescence assez fine. Hab. dans les mousses et les champignons. R.

MONOTOMA. Herbst. Latreille. Tête triangulaire un peu avancée en un museau obtus ; antennes ayant leurs deux premiers articles plus gros que les suivants et presque égaux, et le dixième en massue ; corselet de la même largeur que la tête, qui est légèrement rétrécie en arrière.

M. picipes. Herbst. Noir luisant ; corselet carré, un tiers plus long que la tête, très finement pointillé ; élytres striées, ponctuées.

M. conicicollis. Chevrolat. Brun foncé, mat ; tête rugueuse ; corselet allongé, rétréci avec deux dépressions en arrière, en avant rugueux ; élytres très finement striées, ponctuées.

RHYSOPHAGUS. Herbst. Tête avancée en triangle ; antennes de dix articles ; corselet plus long que large et rebordé ; élytres tronquées à leur extrémité.

R. POLITUS. Corps noir, brillant, à peu près cylindrique ; corselet bordé, légèrement convexe et ponctué ; antennes en massue, d'un brun roussâtre, ainsi que les pattes ; élytres noires, striées, ponctuées, intervalles plats et lisses. Hab. dans le Polyporus igniarius.

LYCTUS. Fabricius. λυγτος, lisse, poli. Corps étroit, allongé, linéaire, avec les yeux gros ; le corselet allongé, les bords de la tête recouvrent le premier article des antennes ; mandibules non saillantes.

L. CANALICULATUS. Fabr. Duméril. pl. 7, fig. 1. Cuvier. pl. 67, fig. 7. Corps jaune testacé, légèrement pubescent ; corselet convexe, avec une fossette longitudinale dans son milieu ; élytres striées, ponctuées ; antennes et pattes d'un brun rougeâtre. Hab. sous les écorces des vieux arbres.

SILVANUS. Latr. Gyllenhall. Corps presque linéaire ; corselet plus long que large, de la largeur des élytres ; les premiers articles des antennes presque égaux, le dernier globuleux ; les palpes filiformes et l'extrémité de la tête un peu avancée et rétrécie en manière de museau triangulaire et obtus.

S. UNIDENTATUS. Fabr. Cuvier. pl. 63, fig. 4. Corps d'un ferrugineux testacé, ponctué et glabre ; corselet allongé, plus étroit en arrière qu'en avant, ses angles antérieurs dilatés en pointe ; élytres très finement ponctuées et striées. Hab. sous les écorces, à Petit-Port.

S. SEXDENTATUS. Fabr. Corps d'un brun rouge ; corselet tricaréné ; les deux intervalles des trois carènes légèrement concaves et finement pointillés, chacun des bords latéraux armé de six dents assez aiguës ; élytres un peu convexes, une fois plus longues que le corselet et striées, ponctuées.

Je l'ai trouvé dans des confitures desséchées, chez M. Auger.

TROGOSITA. Fabr. Illiger. Oliv. τρωγω, je ronge ; σίτος, le blé. Les mandibules sont fortes, croisées, plus courtes que la tête, la languette presque carrée, n'est point prolongée entre ses palpes, et les mâchoires n'ont qu'un seul lobe ; antennes en massue aplatie.

T. CARABOÏDES. Fabr. Castel. pl. 23, fig. 6. Duméril. pl. 7, fig. 4. Corps noir, brillant, déprimé ; tête à peu près carrée, ponctuée ; les cinq derniers articles des antennes transverses ; corselet plus large que long, surtout à la partie antérieure, dont les angles se terminent en pointe, les parties latérales et postérieures bordées de stries, et intervalles des stries ponctués ; antennes et pattes d'un brun marron.

Je l'ai trouvé plusieurs fois à Ancenis.

CUCUJUS. Fabricius. Corps très aplati, ovale, oblong ; antennes très longues, filiformes, à articles velus.

C. DEPRESSUS. Fabr. Duméril. pl. 17, fig. 7. Corps très plat, glabre ; tête un peu plus large que le corselet, ponctuée, rougeàtre de même que les antennes, qui sont une fois plus longues que le corselet, qui est brun foncé, crenelé sur les côtés, sillonné et ponctué ; élytres rouges ayant leur bord sutural élevé et leur bord latéral fortement rabattu et formant une côte saillante ; pattes noires.

TROISIÈME FAMILLE.

LES LONGICORNES.

Corps généralement allongé ; la tête saillante, verticale ou inclinée ; les antennes ordinairement très longues, de onze articles, mais quelquefois d'un plus grand nombre dans quelques mâles ; dans la plupart elles sont insérées dans une échancrure des yeux, mais dans les Lepturètes elles sont insérées seulement à côté, et alors les yeux n'ont plus la forme de rein qu'affectent ceux des autres ; les mandibules sont très solides et robustes, tandis qu'au contraire les mâchoires ne sont propres qu'au service d'aliments liquides ; les palpes sont plus ou moins terminés en massue ; les trois premiers articles des tarses sont garnis de brosses en dessous, les second et troisième en cœur, le quatrième profondément bilobé et un petit renflement ou nodule, simulant un article, et si ce petit nodule avait un mouvement propre et que par ce mouvement il pût être considéré comme un véritable article, les Longicornes seraient Pentamères au lieu d'être Tétramères. Les femelles ont un oviducte tubulaire et corné, qui leur servent à introduire leurs œufs dans les fentes du bois où ils doivent éclore.

Les larves de ces insectes sont molles, apodes, blanchâtres, larges en avant, rétrécies en arrière, la tête d'un rouge plus ou moins foncé ; elles vivent dans l'intérieur des arbres et sous les écorces ; quelques-unes attaquent les racines ; toutes ont une tête écailleuse armée de mandibules tellement vigoureuses, que Latreille dit avoir vu une lame de plomb attaquée par elles.

OEGOSOMA. Serville. Antennes de la longueur du corps dans les mâles, moitié moins longues dans les femelles, scabres et rudes dans les premiers, noires et presque lisses dans les secondes ; corselet mutique, rétréci en avant, une ligne ondulée en arrière, légèrement relevée et se terminant de chaque côté par un angle assez acuminé : écusson large, cordiforme, avec une ligne enfoncée au milieu : élytres allongées, armées d'une très petite pointe à l'angle sutural : tarrière dans les femelles longue et saillante ; abdomen du mâle légèrement bifurqué ; le dernier article des tarses presque aussi long que les trois autres réunis.

OE. scabricornis. Serv. Cast. pl. 28, fig. 3. Long. 46 millim. Corps d'un gris roussâtre ; tête un peu allongée, chagrinée, sillonnée dans son milieu : mandibules noires, ponctuées ; palpes d'un brun roux ; corselet velu, trapézoidal, faiblement sillonné dans son milieu ; élytres longues, rugueuses, légèrement velues, avec deux ou trois lignes élevées qui se réunissent avant leur extrémité ; pattes comprimées latéralement, surtout dans la femelle, lisses dans cette dernière et rugueuses dans le mâle.

Trouvé sur des arbres aux Couëts et dans la prairie de Chantenay, par M. Grollau.

Sa larve vit aux dépens des arbres et fait sa métamorphose en terre.

PRIONUS. Geoff. Fabr. Oliv. πρίον-ονος, scie. Antennes plus longues que la tête et le corselet, en scie ou pectinés dans les uns, simples, amincies vers leur extrémité et à articles allongés dans les autres ; le lobe terminal des mâchoires est aussi long au moins que les deux premiers articles de leurs palpes ; le corps est généralement déprimé, avec le corselet carré, denté ou épineux, ou anguleux latéralement.

P. CORIARIUS. Latr. CERAMBYX CORIARIUS. Linn. Oliv. Long. 32 millim. Brun noirâtre ; antennes en scie de 12 articles dans les mâles ; trois dents à chaque bord latéral du corselet.

Sa larve vit dans les chênes et les bouleaux pourris, et fait sa métamorphose en terre. L'insecte parfait ne vole que le soir et se tient sur les feuilles d'arbres pendant le jour.

HAMMATICHERUS. Megerle. Dej. CERAMBYX. Latr. Serville. Antennes de onze articles (dont les troisième, quatrième et cinquième gros et ronds, très longs chez le mâle), entourées à leur base par l'échancrure des yeux ; corselet ridé, épineux sur les côtés ; large écusson triangulaire ; élytres grandes, pattes longues.

H. HEROS. Megerle. CERAMBYX. Serv. Long. 40 à 50 millim. Antennes du mâle égalant deux fois celles de la femelle et une fois la longueur du corps ; corselet très raboteux, avec une épine latérale ; élytres chagrinées, arrondies à l'extrémité postérieure et terminées par une épine suturale ; corps entièrement noir.

H. CERDO, Dej. Long. 25 millim. Antennes du mâle dépassant le corps, qui est très-noir ; corselet rugueux et plissé, avec une épine latérale ; élytres fortement chagrinées.

Ces deux insectes sont communs dans les bois sur les arbres, le chêne, l'aubépine, etc.

PURPURICENNUS. Ziégler. Palpes maxillaires plus longs que les labiaux ; corselet cylindrique, unituberculé latéralement, un peu inégal et fortement ponctué en dessus ; antennes glabres, et presque de la longueur du corps dans les femelles, plus longues dans les mâles, de onze articles n'étant ni renflés ni épineux, le dernier très long dans les mâles ; élytres tronquées à leur extrémité ; écusson triangulaire ; pattes longues.

P. KOELERI. Fab. Long. 20 millim. Corselet noir, chagriné, parties latérales rouges unidentées ; écusson noir, à triangle allongé et pointu ; élytres entièrement rouges, couvertes de points enfoncés ; antennes et pattes noires. Hab. sur les arbres et parfois sur les ombellifères. Il produit un bruit aigu par le frottement du corselet.

ROSALIA. Serville. CERAMBYX. Linné. Fabr. Oliv. CALLICHROMA. Latr. Corps allongé, déprimé, palpes dépassant les mandibules qui sont aiguës, arquées, unidentées intérieurement et dilatées au milieu ; corselet aplati, avec un tubercule de chaque côté ; écusson arrondi en arrière ; antennes plus longues que le corps dans les deux sexes, le premier article renflé en massue, le second très court, les cinq suivants ayant chacun une houppe de poils à l'extrémité ; cuisses en massue allongée ; jambes comprimées ; tarses antérieurs ayant leurs trois premiers articles triangulaires.

R. ALPINA. Serville. Castel. pl. 31, fig. 2. Long. de 24 à 30 millim. D'un gris bleuâtre, avec des taches veloutées noires, une à la partie antérieure du corselet, et trois à la suite l'une de l'autre sur chacune des élytres, celle du milieu formant une bande qui tient toute la largeur des élytres ; les antennes sont d'un beau bleu, annelées de tubercules noires et velues à chaque articulation.

Cette jolie espèce, que j'ai trouvée plusieurs fois sur du linge mouillé sur la prairie de Mauves, est commune dans les Alpes, comme son nom l'indique.

AROMIA. Serville. Dej. CALLICHROMA. Latreille. Antennes plus courtes que le corps ; palpes maxillaires plus courts que les labiaux ; corps déprimé, avec le devant de la tête pointu ; cuisses et jambes aplaties, les jambes antérieures ont les trois derniers tarses triangulaires et velus ; les deux autres paires n'ont que les deux du milieu ainsi disposés.

A. MOSCHATA. Serville. Long. de 30 à 36 millim. Entièrement d'un vert bronzé brillant, avec quelque teinte bleuâtre ;

corselet rugueux, avec deux épines latérales ; antennes bleues, violetées.

Cet insecte, qui a une forte odeur de rose , se tient sur les saules des îles de la Loire ; il dépose ses œufs dans les souches d'osier, sa larve s'y développe aux dépens de ces souches, qu'elle dévore et qu'elle réduit en poussière. Si l'on ne combat pas cet insecte destructeur, il peut détruire en peu de temps les plus belles oseraies; deux moyens se présentent pour en diminuer notablement la quantité : c'est 1° de poursuivre sans relâche sa destruction quand il est arrivé à son état d'insecte parfait, ce qui est facile, car il se tient toujours à la cime des osiers, et son odeur si pénétrante de rose manifeste facilement sa présence ; 2° l'autre moyen est de couper les souches infectées au niveau du sol , car l'observation a démontré que la larve n'attaque jamais les racines souterraines.

HYLOTRUPES. Serville. Antennes de onze articles, moins longues que le corps, naissant de l'échancrure des yeux , filiformes, troisième article une fois aussi long que les suivants ; élytres flexibles, un peu arrondies à l'angle sutural.

H. BAJULUS. Serville. Long. 15 à 20 millim. Corselet velu, avec deux points élevés d'un noir luisant ; élytres chagrinées, avec quelques lignes indiquées plutôt par leur couleur que par leur enfoncement ; elles sont ordinairement flexibles, ponctuées, avec une bande transverse formée de quelques poils blanchâtres caducs dessous , brun pubescent. Hab. dans les bois et les chantiers. (Grollau).

CALLIDIUM. Fabricius. καλος, belle ; ιδεά, forme. Antennes à peine aussi longues que le corps, filiformes ; palpes très courts, terminés par un article en forme de triangle renversé ; tête plus étroite que le corselet, qui est un peu déprimé et élargi sur les côtés, vers le tiers postérieur.

C. SANGUINEUM. Linn. Oliv. Cuvier. pl. 66, fig. 6. Long. 12 à 15 millim. D'un rouge sanguin soyeux ; antennes et pattes noires ; cuisses en massue.

Dans les bois, sur les ombellifères, au printemps.

C. TESTACEUM. Fabr. **PHYMATODES TESTACEUM**. Mulsant. Long.

15 millim. Antennes de la longueur du corps chez les mâles ;
corselet chargé de trois tubercules lisses quelquefois **rouges**,
d'autrefois de la couleur des élytres, qui du jaune testacé deviennent transparents de même que les pattes et les antennes. Hab.
dans les bois et sur les fleurs.

C. CLAVIPES. Fabr. Corps entièrement noir ; antennes un **peu**
velues, de la longueur du corps ; corselet très arrondi et couvert
ainsi que la tête de petits points élevés ; élytres chagrinées plus
fortement à leur partie antérieure ; pattes noires, légèrement velues ; cuisses brillantes et ponctuées.

Cette espèce est assez rare ; je l'ai trouvé à Orvault.

C. FEMORATUM. Fabr. Cette espèce, plus petite que la **précé-**
dente, lui ressemble beaucoup , le corselet est moins arrondi ,
légèrement canaliculé , et les cuisses sont rougeâtres.

On la trouve sur les fleurs.

CLYTUS. Fabr. Caractères du genre précédent, mais les cuisses
postérieures un peu renflées ; le corselet globuleux ou oblong,
sans épines ; les élytres moins aplaties.

C. ARCUATUS. Fabr. Long. 15 millim. Corps noir, velouté ; tête
avec une ligne jaune entre les antennes et une autre pareille **en**
arrière, une ligne jaune à la partie antérieure du corselet et deux
taches obliques sur les côtés ; écusson jaune ; deux points jaunes
à la partie antérieure des élytres et un autre un peu plus bas,
sur la suture , qui, avec les deux premiers, forment un triangle
ou trois lignes transversales arquées, placées à des distances
égales, et enfin un point de la même couleur à la partie postérieure ; antennes et jambes d'un fauve testacé. Ce joli insecte est
commun sur les fleurs et même jusque dans nos maisons à la
campagne.

C. ARIETIS. Fabr. Il a beaucoup de ressemblance avec le précédent, mais il est beaucoup plus petit ; la tête n'a point cette
ligne jaune entre les antennes et qui borde les yeux ; le corselet
est bordé d'une ligne jaune en avant et en arrière ; la première
ligne transversale, au lieu d'être concave en dessus et de se ter-
miner par une tache ronde avant la suture, est convexe en dessus
et se relève en pointe jusqu'à la suture.

Même localité que le précédent.

C. HAFNIENSIS. Fabr. Dej. Long. 12 millim. Antennes courtes, filiformes ; deux lignes jaunes longitudinales sur la tête ; corselet noir, convexe, avec des squamules jaunes sur les parties latérales et deux lignes de la même couleur au centre ; élytres noires, couvertes de poils d'un blanc gris formant des taches assez régulières.

C. QUADRIPUNCTATUS. Fabr. Long. 14 millim. Dessus du corps vert jaunâtre ; élytres marquées chacune de deux points noirs à la base, un au milieu et un à l'extrémité postérieure, dessous noir, couvert d'un duvet gris jaunâtre, moins épais que dessus ; les antennes grises, velues, de même que les pattes. Hab. sur les fleurs.

C. MASSILIENSIS. Fabr. Dej. Long. 5 millim. Antennes courtes, filiformes ; corselet convexe, noir, finement ponctué ; écusson arrondi en arrière et blanc ; élytres noires, brillantes, avec trois lignes transversales blanches, mais remontant en pointe jusqu'à la suture, et deux points blancs sur les parties latérales et moyennes des élytres. Hab. sur les fleurs de spirée, les roses, etc.

STENOPTERUS. Illiger. Serville. Στενος, étroites ; πτερα, ailes. Elytres de la longueur des ailes, subulées, brusquement rétrécies vers le milieu ; corselet mutique, latéralement inégal et un peu déprimé en dessus ; cuisses en massue globuleuse ; antennes de onze articles filiformes ; palpes courts, à peu près égaux ; yeux petits, espacés ; mandibules courtes ; écusson petit ; tarses ayant leurs trois premiers articles courts, triangulaires, le quatrième aussi long que les autres réunis.

S. RUFUS. Illiger. NECYDALIS RUFA. Fabr. Cuvier. pl. 66 bis, fig. 2. Long. 10 à 12 millim. Tête finement chagrinée ; antennes mélangées de noir et de roux ; corselet noir, ponctué, ayant trois tubercules lisses et quatre petites tâches jaunâtres presque blanches, deux en avant et deux en arrière ; écusson de la même couleur ; élytres rousses, ayant les épaules et les extrémités noires ; poitrine et abdomen noirs, avec le bord des segments jaunes ; pattes rousses, les deux premières paires ayant les cuisses noires.

Cet insecte vole sur les fleurs et surtout les ombellifères.

Le Molorchus, qui a beaucoup de rapport avec le Stenopterus, sauf la grandeur, et qui, dit-on, est commun dans l'Anjou, n'a point encore été trouvé dans le département.

LEIOPUS. Serville. λεῖος, lisse ; ποος, pied. Elytres un peu échancrées au sommet ; antennes filiformes, écartées à la base, plus longues que le corps, velues, le premier article plus court que le second et renflé en massue ; corselet convexe, avec une petite épine latérale recourbée en arrrière ; élytres convexes, pattes de moyenne longueur ; cuisses renflées en massue ; tarses lisses.

L. NEBULOSUS. Serville. Long. 10 millim. Gris cendré, velu, avec une fascie transverse presque noire sur le tiers postérieur des élytres et des lignes longitudinales articulées de noir et de gris ; pattes et antennes annelées de gris et de noir. Hab. sur les fleurs.

POGONOCHERUS. Serville. Corps un peu allongé, ailé ; antennes filiformes, distantes à leur base, velues en dessous, de la longueur du corps, plus longues dans les mâles ; premier article en massue, le second très court, les troisième et quatrième allongés, presque égaux, les autres plus courts ; corselet carré, avec un tubercule de chaque côté ; tête ayant sa face antérieure assez courte ; yeux entiers ; palpes courts ; mandibules petites ; élytres allant en se rétrécissant des épaules qui sont saillantes à l'extrémité ; écusson petit, arrondi ; pattes égales, un peu velues ; cuisses en massue ; tarses sans houppe.

P. HISPIDUS. Serville. Tête ponctuée, sillonnée ; antennes de onze articles, ciliées ; corselet ponctué, tuberculé ; élytres rétrécies en arrière, terminées par deux épines, une extérieure, l'autre suturale, ornées de trois lignes élevées et d'une large tache blanche ondulée à leur partie antérieure ; antennes et pattes annelées de blanc et de noir. Hab. sur les fleurs, en automne.

MORIMUS. Serville. LAMIA. Fabr. Latr. Antennes insérées entre les yeux, de onze articles ; corps cylindrique , arrondi ; tête très inclinée ; abdomen ovale, renflé ; cuisses arrondies ; corselet épineux.

M. TEXTOR. Serville. Oliv. Dej. Long. 28 millim. Corps d'un brun gris, avec quelques taches blanchâtres petites et rares sur les élytres ; tête et corselet rugueux , avec trois inégalités peu élevées sur ce dernier et dont l'insertion avec la tête et le corps est marquée par une ligne de poils fauves presque dorés ; élytres chagrinées. Recueilli et donné par M. Grollau, qui l'a trouvé à Orvault.

DORCADION. Schœnner. Dalman. Antennes courtes, égalant à peine la moitié de la longueur du corps ; les articles diminuant insensiblement de longueur jusqu'à l'extrémité ; corselet presque hexagonal portant une épine de chaque côté.

D. FULIGINATER. Fabr. Long. de 12 à 15 millim. Tête échancrée, ponctuée ; antennes de onze articles naissant de l'échancrure des yeux ; corselet noir, convexe, rugueux , avec une ligne longitudinale élevée au centre, peu apparente ; élytres veloutées, d'un gris plus ou moins foncé , ornées de trois lignes plus blanches que le reste des élytres , une sur le bord extérieur, l'autre sur la suture et une autre intermédiaire qui se prolonge rarement jusqu'à l'extrémité. On le trouve communément à terre et sur les plantes.

D. 4-LINEATTUS. Chevrolat. Celui-ci me semble une simple variété du précédent ; il en diffère seulement en ce que les élytres sont presque noires, car pour les quatre lignes, comme les auteurs l'indiquent, sur quatorze individus que je possède , il n'y en a pas un qui ait ces quatre lignes ; je ne vois ces quatre lignes que sur le Méridionale et le Pyrenœum, que nous n'avons pas.

SAPERDA. Fabricius. Corps allongé, convexe ; élytres d'égale largeur ; corselet arrondi, plus long que large , sans épine.

S. CARCHARIAS. Fabr. Latr. Long. 24 à 28 millim. Corps noir, entièrement couvert d'un duvet très court d'un fauve grisâtre ; antennes d'un gris cendré , avec l'extrémité de chaque article noire ; tête et corselet ponctués de noirs ; élytres d'un fauve clair, acuminées postérieurement, couvertes d'une multitude de très petits points noirs. Hab. sur les peupliers, au mois de juin.

S. POPULNEA. Fabr. Long. 12 millim. Corps cylindrique, couvert en partie d'un duvet gris jaunâtre ; antennes ayant leur premier article noir et les suivants annelés de gris et de noir ; tête noire , marquée de quelques poils jaunes ; corselet noir, ayant une ligne jaune de chaque côté ; élytres fortement ponctuées, brillantes, avec cinq ou six points d'un jaune doré ; dessous du corps et pattes jaunes. Hab. sur le peuplier.

S. PROEUSTA. Cast. ANOETIA PROEUSTA. Fabr. Dej. LEPTURA. Linn. Long. 6 millim. Tête, corselet et antennes noirs ; élytres jaunes testacées, bordées de noir en arrière ; dessous du corps et pattes noires. Hab. sur les fleurs.

S. SCALARIS. Fabr. CERAMBYX. Linn. Casteln. pl. 34, fig. 6. Corps noir ; antennes grises, avec l'extrémité de chaque article noire et de la longueur du corps, deux lignes obliques jaunes à la partie postérieure jaune ; corselet noir au milieu , jaune sur les parties latérales et postérieures ; élytres ponctuées, d'un noir brillant, avec une ligne suturale jaune veloutée et cinq dentelures arrondies, et quatre points de la même couleur, intermédiaires sur le bord externe.

Je l'ai trouvé à la Davraie, près Ancenis. R.

OBEREA. Megerle. Antennes plus courtes que le corps ; élytres linéaires, allongées ; les autres caractères sont ceux des Saperdes.

O. OCULATA. Fabr. Long. 15 millim. Antennes et tête noires ; corselet d'un jaune rougeâtre, avec deux points noirs ; écusson jaune, arrondi ; élytres d'un noir grisâtre, ponctuées profondément, assez régulièrement ; pattes rougeâtres. Sur les fleurs.

O. LINEARIS. Fabr. Long. 12 millim. Corps cylindrique, linéaire, pointillé dessus ; palpes, pattes et quelquefois la bordure des élytres jaunes, le reste noir. Hab. sur le coudrier. R.

PHYTOECIA. Dejean. Caractères des précédents, mais avec les élytres rétrécies en arrière, et le corselet plus allongé.

P. CYLINDRICA. Fabr. Long. 11 millim. Corps noir, ardoisé, légèrement velu ; antennes un peu moins allongées que le corps ; une ligne élevée sur les élytres, qui sont ponctuées.

P. VIRESCENS. Fabr. Long. 10 millim. Corps noirâtre ; corselet plus long que large, marqué de trois lignes plus pâles ; élytres velues, avec une ligne élevée, et ponctuées ; pattes et dessous du corps d'un verdâtre plus pâle.

AGAPANTHIA. Serville. Antennes sétacées de onze articles, le premier en massue, le second très court et globuleux, le troisième très long ; au moins aussi longues que le corps ; mais deux fois aussi longues chez le mâle ; face très inclinée ; élytres entières, linéaires.

A. SUTURADIS. Fab. Dej. Long. 10 millim. Noir, violeté, velu ; antennes annnelées, velues ; filiformes tres longues chez le mâle ; tête et corselet finement ponctués, avec trois raies longitudinales sur ce dernier ; élytres plus profondément ponctuées, avec une ligne de poils jaunes sur la suture. Sur les fleurs.

RHAGIUM. Fabricius. Antennes courtes ou pas plus longues que la moitié du corps, très rapprochées à leur insertion ; tête large, rétrécie en arrière ; corselet étroit, épineux ; élytres rétrécies en arrière.

R. MORDAX. Fabr. Duméril. pl. 18, fig. 1. Long. 20 à 25 millim. Corps noir, couvert de faisceaux de poils d'un jaune rougeâtre, qui recouvrent presque toute la tête, qui est profondément sillonnée dans son milieu ; deux lignes longitudinales sur le corselet ; trois bandes transversales sur les élytres, qui sont réticulées, avec trois lignes élevées longitudinales ; jambes velues, rougeâtres. Sur les fleurs de sureau.

RHAMNUSIUM. Dejean. Antennes de onze articles, de la longueur de la moitié du corps ; palpes comprimés ; le dernier article des maxillaires en ovale, tronqué et sillonné en long ; élytres parallèles, très peu rétrécies au milieu.

R. SALICIS. Dej. Fab. Tête finement ponctuée, avec un fort

sillon longitudinal rouge foncé ; corselet d'un beau rouge testacé, avec deux tubercules arrondis sur le dessus et deux pointes obtuses sur les côtés ; élytres d'un beau bleu violeté, finement réticulées ; antennes et pattes rougeâtres. Hab. sur les saules, Juillet. R. Ancenis.

TOXOTUS. Fabricius. Tête rétrécie en arrière en forme de col ; yeux échancrés ; antennes au moins aussi longues que le corps, de onze articles, le premier court et renflé, le second court et globuleux, le troisième de la longueur des suivants, sauf le quatrième, qui est moitié moins long.

T. MERIDIANUS. Fabr. Tête ponctuée, sillonnée, avec deux tubercules sur lesquels sont insérés les antennes ; corselet ayant un sillon longitudinal et un transversal à son quart postérieur, avec une épine un peu courte sur les côtés ; élytres à épaules saillantes, très rétrécies en arrière, d'une couleur rouge ou bronzée. Commun sur les fleurs et dans les roses surtout.

PACHYTA. Megerle. Tête petite, arrondie ; yeux presque ronds ; antennes filiformes, égalant à peine la longueur du corps, tous les articles à peu près aussi longs, excepté le second, qui est court et globuleux.

P. COLLARIS. Fabr. Corps noir, couvert d'un duvet soyeux ; corselet allongé, globuleux en arrière, brillant ; élytres brillantes, finement ponctuées, rétrécies à la base ; pieds allongés ; antennes et pattes noires. Hab. sur les fleurs.

P. OCTOMACULATA. Fabr. Long. 12 millim. Elytres jaunâtres, couvertes d'un duvet doré, avec deux petites taches noires parallèlement placées à la partie antérieure de chaque élytre, et deux larges taches plus en arrière. Hab. sur les fleurs.

STRANGALIA. Antennes de onze articles filiformes, de la longueur du corps ; yeux échancrés, n'entourant pas la base des antennes ; élytres allant en diminuant jusqu'à l'extrémité ; pattes longues.

S. CALCARATA. Fabr. Long. 15 millim. Antennes annelées de noir et de fauve ; corselet noir, armé d'un petit tubercule de chaque côté ; élytres jaunes testacées, couvertes d'un duvet jaunâtre avec quatre bandes noires, dont la première formée par deux points noirs, plus bas une tache ronde qui ne va pas jusqu'à la suture et les deux autres complètes ; pattes jaunes ; cuisses postérieures noires, avec une épine à la partie interne des jambes.

S. ATTENUATA. Fabr. Long. 15 millim. Elytres fauves, avec quatre bandes noires, complètes et fortement atténuées à leur extrémité postérieure. Sur les ombellifères.

S. ATRA. Serville. Dej. STENURA. Dej. Long. 12 millim. Noir, pubescent, élytres atténuées et échancrées à l'extrémité. Sur les fleurs.

S. CRUCIATA. Fabr. STENURA CRUCIATA. Oliv. Dej. Long. 14 millim. Tête, corselet, antennes et pattes noirs ; élytres rouges, légèrement pubescentes, avec deux bandes noires transverses, l'une à son tiers postérieur et l'autre entièrement à l'extrémité. Sur les fleurs de Spirée.

LEPTURA. Linn. λεπτος, rétrécie ; ύρά, queue. Corps et élytres réctrécis en arrière ; corselet non épineux, plus étroit en avant ; palpes maxillaires plus longs que les labiaux.

L. TONIENTOSA. Latr. Antennes n'étant point entourées à leur insertion par les yeux ; tête sillonnée, ponctuée, rétrécie en arrière ; corselet noir, convexe, pubescent, arrondi sur les côtés, ponctué ; écusson triangulaire ; élytres pubescentes, rougeâtres, un peu rétrécies en arrière, pointillées.

On la trouve assez communément dans les lys.

L. PALLENS. Dahl. Long. 10 millim. Tête et corselet noirs, pubescent ; élytres rouges, pâles, testacées, finement pointillées, rétrécies en arrière ; épaules saillantes ; antennes et pattes noires. Hab. sur les fleurs.

L. LIVIDA. Fabr. Long. 8 millim. Tête et corselet noir mat ; élytres d'un rouge jaune, tronquées et obtuses au sommet ; antennes et pattes noires. Hab. sur les ombelles de carottes.

GRAMMOPTERUS. Serville. Mêmes caractères pour les élytres que le genre précédent ; le corselet en diffère par deux épines assez aiguës, qui se trouvent à ses angles postérieurs.

G. loevis. Fabr. Antennes à peine de la longueur du corps chez les mâles, plus courtes dans la femelle ; tête et corselet noirs, pointillés et pubescents ; élytres rouges, testacées, unicolores, pubescentes ; jambes noires, les antérieures des mâles armées d'un tubercule aigu.

G. ruficornis. Fab. Antennes filiformes, presque de la longueur du corps, annelées de rouge et de noir ; corps entier couvert d'un leger duvet d'un bronzé foncé ; jambes et antennes rouges et noires. Hab. sur les fleurs.

QUATRIÈME FAMILLE.

LES CHYSOMELINES.

Latreille. χρυσος, d'or ; μελα, pomme.

Antennes écartées, insérées au-devant des yeux, articles au nombre de onze ; le labre est avancé en carré transversal, souvent arrondi en avant ; mandibules cornées, trigènes, arquées ; lèvre épaisse, membraneuse, entière ; menton dur, transversal, court, échancré ; les trois premiers articles des tarses presque toujours spongieux ; corps épais, convexe ; la tête en grande partie enfoncée dans le corselet ; jambes presque simples.

Ces insectes, presque tous ailés, vivent sur les fleurs, quelques-uns à l'état de larves se développent dans l'intérieur des tiges.

PREMIÈRE TRIBU.

Les Eupodes.

Tête ordinaire, sans bec ni trompe ; yeux ronds ; antennes filiformes, à premier article plus gros ; corselet étroit et cylindrique ; les trois premiers articles des tarses garnis de brosses.

DONACIA. Fabricius. Δοναξ, roseau. Abdomen un peu déprimé ; élytres plus longues que le corselet, qui est légèrement rétréci en arrière et non épineux ; corps le plus souvent de couleur métallique ; cuisses postérieures grandes et renflées, dentées dans quelques espèces.

Les Donacies se trouvent sur les plantes aquatiques, et leurs larves s'attachent aux racines de ces plantes par le côté.

D. LEMNOE. Fab. Corps rouge cuivré ; un sillon large sur le corselet, formé par des parties obscurément tuberculeuses, le tout couvert de petits points enfoncés ; élytres avec des lignes ponctuées, et dont la surface est rendue inégale par des épaules saillantes et quatre dépressions qui bordent la suture ; cuisses larges avec une épine à celles postérieures.

D. SAGITTARIOE. Fab. Castel. pl. 38, fig. 3. Long. 12 millim. Plus brillante que la précédente ; tête canaliculée ; antennes noirâtres ; corselet ondulé et canaliculé ; élytres onduleuses et couvertes de lignes de très petits points enfoncés, dessous couvert d'un duvet doré ; pattes verdâtres ; cuisses postérieures armées d'une épine aiguë.

D. NYMPHEOE. Latr. Long. 10 millim. Tête noire, corselet brun foncé, assez lisse sans être brillant ; élytres d'un beau rouge violeté, sans dépression, et deux tubercules allongés et obliques à la partie antérieure qui, avec les épaules saillantes, forment trois sillons assez obscurs, et, en outre, striées ponctuées.

D. SIMPLEX. Fab. Long. 8 millim. Plus petite que la précédente, d'un beau vert doré brillant ; corselet canaliculé ; élytres égales, striées, ponctuées ; antennes et pattes noires.

D. CLAVIPES. Payk. Cast. pl. 30, fig. 2. Long. 11 millim. D'un bronzé verdâtre ; tête et corselet canaliculés ; élytres striées, crénelées ; antennes et pattes rougeâtres ; deux pointes aiguës aux cuisses postérieures.

D. TOMENTOSA. Illig. Long. 10 millim. Gris blanchâtre, tomenteux, quelquefois d'un bronzé rougeâtre ; tête canaliculée ; un point enfoncé à la partie postérieure du corselet ; élytres striées, ponctuées ; antennes et pattes rougeâtres.

D. TYPHOE. Brahm. LINEARIS. Hoppe. Long. 10 millim. Vert doré, quelquefois rougeâtre ; tête canaliculée un peu obscurément ; corselet ponctué, avec quatre tubercules peu apparents ; élytres striées, ponctuées.

Toutes ces Donacies se trouvent dans les grands marais de l'Erdre, en été.

AUCHENIA. Megerle. Yeux entiers ; palpes terminés par un petit appendice en forme d'anneau ; antennes courtes et allant en grossissant.

A. SUBSPINOSA. Fab. Long. 2 à 3 millim. Tête et corselet ponctués, jaunes testacés ; un tubercule assez fort de chaque côté du corselet ; élytres noires, violetées, très ponctuées.

Trouvé à Petit-Port, chassant avec M. de Marseul. RR.

LEMA. Fabr. CRIOCERIS. Latr. κριός, belier ; κέρας, corne. Antennes grénues ; yeux entiers ; tête plus large que le corselet, rétrécie en arrière. Le dernier article des palpes est cylindrique et tronqué.

Ces insectes vivent sur les plantes, et surtout sur les lys et les asperges, qu'ils dévorent. Il font entendre un petit bruit lorsqu'on les saisit. Leurs larves se nourrissent des mêmes plantes, auxquelles elles s'attachent au moyen de leurs six pattes écailleuses. Elles ont le corps mou et renflé ; leurs propres excréments, dont elles se couvrent le corps, les garantissent de l'action du soleil et des intempéries de l'atmosphère. Elles entrent en terre pour se changer en nymphes. Ces larves sont quelquefois assez nombreuses pour dévorer, en peu de jours, les lys les plus vigoureux. Il est un moyen immanquable pour s'en débarrasser et les détruire, ce sont des aspersions d'une dissolution aqueuse de savon noir. Le même moyen réussit parfaitement pour les pucerons, qui détruisent les plantes dans nos serres et qui s'attachent en si grande quantité sur les jeunes pousses de nos rosiers.

L. MERDIGERA. Megerle. CRIOCERIS. Latr. Long. 10 millim. Le corselet et les élytres d'un beau rouge pâlissant après la mort ; le corselet est étranglé de chaque côté ; les élytres ont des points enfoncés en lignes longitudinales. Hab. et dévore les liliacées.

L. 12-PUNCTATA. Fabr. Crioceris. Latr. Les mêmes caractères que la précédente ; mais, sur chaque élytre, il existe six points noirs bien distincts.

L. ASPARAGI. Fabr. CRIOCERIS. Latr. Long. 8 millim. Corselet rouge foncé ; élytres bleues, ponctuées, longitudinales, avec une ligne blanche sur le bord extérieur, d'où partent 4 taches blanches dont les deux du milieu se réunissent, aucune ne parvenant jusqu'à la suture.

L. MELANOPA. Fabr. CRIOCERIS. Latr. Long. 6 millim. Corselet rouge jaunâtre, luisant ; élytres d'un beau bleu violeté, ponctuées en lignes longitudinales.

L. CYANELLA. Fabr. CRIOCERIS. Eg. Latr. Long. 3 millim. Corselet bleu, presque noir, convexe, un peu renflé sur les côtés ; élytres bleues, ponctuées longitudinalement.

DEUXIÈME TRIBU.

LES CYCLIQUES.

Tête sans trompe ni museau ; yeux arrondis ; antennes filiformes ou légèrement grossies à l'extrémité ; des brosses de poils sous les trois premiers articles des tarses. Ce sont de petits insectes qui vivent sur les végétaux.

HISPA. Linnée. Antennes très loin de la bouche, sur le sommet de la tête, très-rapprochées à leur base, droites et avancées.

H. ATRA. Latr. Dum. pl. 19. fig. 3. Long. 3 millim. Corselet carré, plus large que la tête ; corps noir très épineux ; une épine au premier article des antennes. Hab. sur les graminées.

CASSIDA. Lin. Fabricius, du latin Cassida, bouclier. Corps orbiculaire ou ovoïde ; corselet demi-circulaire ou en segment de cercle, cache et recouvre entièrement la tête, ou l'encadre en la recevant dans une échancrure antérieure ; les élytres, souvent élevées dans la région scutellaire , débordent le corps ; les mandibules offrent quatre dents au moins ; le lobe maxillaire extérieur est aussi long au moins que l'interne.

C. **viridis**. Linn. Oliv. Long. 2 millim. Élytres couvertes de points qui forment des lignes régulières vers la suture ; cuisses noires. Sa larve vit sur les chardons , les artichauds ; son corps est plat , garni d'épine sur les bords , et se recouvre de ses propres excréments.

C. **nobilis**. Linn. Oliv. Long. 6 millim. Gris jaunâtre , avec une raie bleue dorée près de la suture , mais qui disparaît à la mort de l'insecte.

C. **murroea**. Fab. Long. 6 millim. Verte ; élytres avec des lignes de points enfoncés , longitudinales ; cinq points noirs bordant la suture , et deux à quatre pareils sur leur surface.

C. **equestris**. Fabr. Très voisine de la Viridis , mais un peu plus grande et ne se trouvant que dans les lieux aquatiques , sur les Menthes ; verte en dessus , couverte de points enfoncés et disposés sans ordre ; noire en dessous , avec les bords de l'abdomen et les pattes jaunâtres.

C. **affinis**. Fabr. Moitié plus petite que la précédente ; les élytres présentent huit lignes longitudinales de points enfoncés très prononcées et légèrement ondulées , avec quelques taches noires , petites , rares et disséminées.

ADIMONIA. Laicharting. Les Adimonia diffèrent des Cassides par la tête , qui est très apparente ; les antennes , de onze articles moniliformes ; le corselet carré , un peu plus large en arrière , et les élytres élargies en arrière.

A. **tanaceti**. Fabr. Long. 8 à 9 millim. Corps entièrement noir ; tête et corselet rugueux , ponctués , ce dernier découpé en deux lobes sur les bords latéraux , le lobe antérieur étant un tiers plus grand ; élytres élargies en arrière , couvertes de points enfoncés , réticulés. Hab. sur la tanaisie , à Ancenis.

A. **rustica**. Fabr. Celle-ci qui paraît être une variété de la précédente, en diffère par sa couleur qui est rougeâtre et quelquefois testacée, et par ses quatre lignes longitudinales qui ornent ses élytres.

Même localité.

A. CAPREÆ. Fabr. Beaucoup plus petite que les deux précédentes, d'une couleur rouge testacée. Le corselet canaliculé, un enfoncement de chaque côté du sillon longitudinal qui est partagé dans son milieu par une tache noire; élytres couvertes de points reticulés.

GALERUCA. Geoffroy. Corselet légèrement aplati; antennes à articles grenus.

G. CALMARIENSIS. Fabr. Corselet carré, un peu plus long que large, déprimé sur les côtés avec une ligne noire au centre; élytres rougeâtres, très finement ponctuées avec une ligne noire à l'épaule et une autre moins visible en arrière sur la partie latérale. Hab. sur les plantes aquatiques, à la Verrière.

G. LYTHRI. Gillhenhal. Plus petite que la précédente, tête noire, corselet déprimé sur les côtés, mais moins profondément, la ligne noire n'est plus qu'un point; élytres très finement ponctuées; antennes et pattes rougeâtres. Hab. sur la Salicaire, à Petit-Port.

G. NIGRICORNIS. Fabr. Long. 6 millim. Antennes et tête noires; corselet d'un beau jaune testacé, avec une impression de chaque côté; élytres violetées, bronzées très brillantes; couvertes de points enfoncés; cuisses jaunes, velues, tarses noirs.

G. NYNPHEÆ. Fabr. Ressemble beaucoup à la Calmariensis, mais elle n'a plus les taches du corselet, et elle a sur les élytres deux lignes longitudinales peu saillantes.

G. ALNI. Latr. AGELASTICA. Chevrolat. D'un beau violet en dessus, noir en dessous; corselet uni, bords latéraux relevés; élytres brillantes, finement ponctuées; antennes et pattes noires. Hab. sur l'aulne et les osiers.

G. LUSITANICA. Fabr. MALACOSOMA. Chevrolat. Corps jaune,

rougeâtre ; corselet et élytres lisses, brillants, très obscurément ponctués.

LUPERUS. Geoffroy. λυπεροσ , triste. Antennes presque aussi longues que le corps ; corselet court, plat, inégal, de la largeur des élytres.

L. FLAVIPES. Fabr. Chez le mâle , les antennes sont près de moitié aussi longues que le corps., et elles sont d'un jaune fauve de même que la tête et le corselet ; élytres noires, brillantes ; pattes jaunes. Hab. sur les plantes, les buissons.

L. RUFIPES. Fab. Corps noir, lisse, quelquefois le corselet d'un jaune fauve ; les pattes rougeâtres. Hab. sur les plantes.

L. SUTURELLA. Illiger. Plus petit que les deux précédents ; tête noire ; le corselet est jaune en avant , noir en arrière ; la bande noire présente en avant deux points noirs ; élytres jaunes, bordées de noir y compris la suture.

Trouvé avec M. Ducoudray-Bourgault , sous les pierres de la chaussée qui conduit de Saint-Herblain à la Basse-Indre.

Le genre Altise , si nombreux en espèces , établi par Latreille , conservé par Illiger qui en a donné une monographie dans le sixième volume du *Magasin entomologique* , l'a divisé en neuf familles de plusieurs, desquelles on a fait des genres propres.

Chevrolat et Dejean ont abandonné ce genre altise et l'ont divisé en dix genres ; Merat a conservé ce seul genre ; mais , comme dès le commencement de cetouvrage j'ai suivi la méthode de Dejean, qui m'a paru la plus naturelle en attendant peut-être mieux de Fairmaire et de Jacquelin Duval, qui sont encore bien loin d'avoir terminé leurs ouvrages ; sous le nom d'Altises je donnerai les caractères généraux qui sont communs aux dix genres de Chevrolat , et, dans la description des espèces , je ferai mes efforts pour faire ressortir les caractères spéciaux de ces différents genres.

ALTICA. Latr. αλτιχος , sauteur. Genres de Chevrolat : Graptodera, Crepidodera, Phyllotreta, Aphtona, Teinodactyla, Psylliodes, Plectroscelis, Apteropeda, Argopus, Podagrica.

Ces insectes, en général très petits, sont ornés de couleurs brillantes et variées ; ils sautent avec une grande promptitude, ils attaquent les plantes potagères et font le désespoir des jardiniers ; leurs larves vivent aux dépens des mêmes plantes, elles rongent le parenchyme des feuilles et y subissent leurs métamorphoses.

Caractère. Tête saillante, cuisses postérieures renflées ; jambes postérieures tronquées à leur extrémité, sans prolongement ni épine ; le dernier article des tarses postérieurs allongé, s'épaississant par degré ; ce tarse n'égalant pas la moitié de la jambe.

GRAPTODERA. γραπτος, écrit ; δερα, col. Altica. Latreille. Antennes en fil de la moitié de la longueur du corps ; corselet court, inégal, transversal.

G. OLERACEA. Chevr. Oblongue, d'un beau bleu verdâtre, brillante ; antennes et pattes noires ; une ligne transversale au tiers postérieur du corselet ; élytres très finement pointillées. Hab. sur les plantes potagères.

G. VITIS. Chevr. Corps oblong, d'un vert bronzé, brillant ; corselet avec un sillon en arrière ; élytres vaguement ponctuées ; antennes noires.

G. LYTHRI. Chevr. Oblongue, d'une belle couleur ; elle diffère de l'Oleracea en ce que les points sur les élytres sont rangés par séries, et sa taille plus grande. Elle vit sur la Salicaire.

CREPIDODERA. Chevrolat. Altica. Latr. Antennes en fil, de la moitié de la longueur du corps ; corselet presque de la largeur des élytres, avec une ligne transversale au tiers postérieur, qui se termine par deux impressions assez profonde.

C. NITIDULA. Chev. Tête et corselet rouge doré éclatant ; élytres vertes ou bleues ; pattes fauves. Elle est commune sur les saules, en été.

C. **transversa**. Corps fauve ; les impressions du corselet fortement marquées ; les épaules des élytres saillantes ; élytres arrondies et élargies vers leur partie moyenne, avec des séries longitudinales de points enfoncsé. Hab. sur les feuilles de betteraves.

C. **exoleta**. Chev. Plus petite que la précédente, d'une couleur fauve testacée ; des points enfoncés en séries longitudinales peu régulières sur les élytres. Commune sur les feuilles de crucifères.

C. **helxines**. Chev. D'un beau vert doré très brillant ; le corselet très finement ponctué ; les élytres striées, ponctuées. Hab. sur les hautes herbes, en été.

C. **modereri**. Chev. Très petite, ovale, vert bronzé ; corselet couvert de points enfoncés ; élytres ponctuées ; extrémités des élytres et des antennes jaunâtres.

PHYLLOTRETA. Chevrolat. Altica. Latr. Les mêmes caractères que le genre précédent, excepté que la ligne transversale et les impressions du corselet ont à peu près disparues.

P. **brassicoe**. Chev. Corps noir, très petit ; corselet et élytres couverts de petits points enfoncés, avec deux taches d'un beau rouge sur les parties latérales de chacune des élytres.

P. **nemorum**. Chev. Oblongue, noire, ponctuée, avec une bande jaune longitudinale sur les élytres. Hab. sur les hautes herbes, dans les bois.

P. **antennata**. Ent. Hefte. Corps oblong, d'un vert bronzé foncé ; corselet plus long que large, à peu près cylindrique, vaguement ponctué de même que les élytres ; antennes presque de la longueur du corps. Hab. sur les crucifères.

P. **lepidii**. Ent. Hefte. Dej. Corps d'un bleu foncé, très obscurément ponctué ; corselet étroit en avant. Même localité que la précédente.

P. **atra**. Ent. Hefte. Dej. Ressemble beaucoup à la précédente, mais la ponctuation est mieux marquée, et elle est tout à fait noire. Hab. sur le Raifort sauvage.

APHTONA. Chevrolat. Insectes petits, presque globuleux ; les épaules des élytres saillantes.

A. EUPHORBIÆ. Fab. Corps d'un beau noir violeté ; corselet lisse, brillant ; élytres ponctuées ; antennes et pattes rougeâtres. Hab. sur l'Euphorbe.

A. LEPIDII. Ent. Hefte. Dej. Corps noir ; corselet lisse, vaguement ponctué de même que les élytres ; antennes et pattes noires. Hab. sur les crucifères.

A. CYPARISSIOE. Ent. Hefte. Dej, Corps jaune testacé, lisse, brillant, sans ponctuation ; antennes jaunes à la base, noires aux extrémités.

Commune sur l'Euphorbia cyparissias, à Ancenis.

TEINODACTYLA. Chevrolat. Ce genre a beaucoup de rapport avec le précédent, mais les jambes et surtout les postérieures sont plus allongées.

T. ATRICILLA. Fab. Corps petit, d'un jaune rougeâtre plus ou moins foncé ; le corselet lisse, souvent plus foncé que les élytres, qui sont obscurément ponctuées. Hab. sur les plantes potagères.

T. ECHII. Ent. Hefte. Dej. Corselet noir, moins large que les élytres, qui sont d'un jaune fauve avec la suture noire et quelquefois le bord extérieur. Hab. sur l'Echium.

T. DORSALIS. Fab. A peine de la longueur d'un millimètre ; tête et antennes noires ; corselet jaune ; élytres noires bordées de jaune. Hab. sur les graminées, les trèfles. C.

T. OCHROLEUCA. Marscham. Corps d'un jaune pâle ; les yeux noirs et gros, tranchant sur la tête presque blanche. Hab. sur les plantes potagères.

T. TABIDA. Fab. D'un jaune rougeâtre ; les yeux gros et noirs ; des rangées longitudinales de points enfoncés sur les élytres. Hab. sur les feuilles de navets.

PSYLLIODES. Latreille. Cuv. pl. 73, fig. 13. Premier article des tarses postérieurs fort longs, inséré au-dessus de l'extrémité postérieure de la jambe, cette extrémité se prolonge en manière d'appendice conique, comprimé, creux, dentelé sur ses bords et terminé par une petite dent.

P. **affinis**. Tête noire ; yeux très gros ; corselet d'un jaune rougeâtre, plus large que long et couvert de trois petits points enfoncés ; élytres de la même couleur que le corselet, avec des lignes longitudinales très régulières de points enfoncés ; antennes et pattes noires. Hab. sur les plantes potagères.

P. **napi**. Fab. D'un blond foncé, luisant ; élytres pointillées, les deux tiers des antennes jaunes, l'extrémité noire ; pattes jaunes ; tarses noirs.

Je l'ai trouvé très abondant sur du Raifort.

PLECTROSCELIS. Chevrolat. Très petits insectes oblongs, presque orbiculaires, caractérisés par une épine recourbée, qu'ils ont aux jambes postérieures.

P. **dentipes**. Ent. Hefte. D'un vert bronzé brillant ; neuf lignes longitudinales très régulières de points enfoncés sur les élytres ; les quatre premiers articles des antennes d'un jaune fauve, le reste noir.

Commun sur toutes les plantes potagères.

P. **aridella**. Paykul. Vert bronzé brillant ; corselet très finement pointillé ; élytres couvertes de lignes longitudinales de points enfoncés, avec les intervalles ponctués. Hab. sur les feuilles de chou.

APTEROPODA. Chevrolat. Corps orbiculaire, convexe ; les antennes de onze articles, à commencer du cinquième grossissant jusqu'à l'extrémité.

A. **ciliata**. Bronzé brillant ; corselet pointillé ; les lignes longitudinales de points sur les élytres écartées, les intervalles lisses ; antennes et pattes noires ; tarses des jambes postérieures jaunes testacées, ciliées.

PODAGRICA. Chevrolat. Ce sont de petits insectes qui ont les pattes assez fortes ; les antennes courtes, et dont la longueur dépasse très peu le corselet.

P. **fulvipes**. Fab. Tête, corselet, antennes et pattes d'un jaune fauve ; élytres d'un beau bleu violeté , avec des points en foncés , obscurément indiqués.

P. fuscipes. Fab. Ne diffère du précédent que par les pattes et les antennes qui sont noires.

ARGOPUS. Fischer. Le genre Argopus, que je ne trouve rapporté nulle part que dans le Catalogue de Dejean , et que j'ai trouvé à la Haute-Ile , sur des chardons , est ainsi caractérisé : corps globuleux , d'une couleur jaune testacée ; les pattes rougeâtres , de même que les antennes. Serait-ce le Testaceus de Fabricius ? Une autre espèce, ayant les mêmes caractères, mais plus grosse, plus foncée , trouvée sur la même , serait probablement le Cardui. (Voyage avec M. de Marceul.)

TIMARCHA. Megerle. Dejean. Élytres soudées ; corps presque rond , très convexe ; tarses ordinairement très dilatés , surtout dans les mâles.

On les trouve à terre , sur le bord des ruisseaux , surtout dans les sables , au bord de la mer ; elles marchent lentement, et quand on les saisit elles font sortir , par les articulations des pattes , une liqueur le plus souvent rougeâtre , quelquefois jaune. Les larves ont le corps très renflé , nu et presque de la couleur de l'insecte parfait , avec l'extrémité jaune ; elles vivent sur le caille jaune , et font leur métamorphose en terre.

T. tenebricosa. Fabr. Noire. Long. 10 à 15 millim. Le corselet et les élytres sont presque lisses , mais finement pointillés ; antennes et pattes violettes.

T. coriaria. Fabr. Moitié plus petite que la précédente , très noire ; tête et corselet finement ponctués ; élytres chagrinées , rugueuses. Commune partout.

CHRYSOMELA. χρυσος, d'or ; μελα, pomme. Linnée. Insectes ailés , dont les antennes sont très peu renflées ; corps ovale , arrondi aux extrémités ; corselet plat , rebordé , arrondi sur les côtés , échancré en avant ; tête saillante ; dernier article des palpes maxillaires , aussi grand ou plus grand que les précédents , en cône renversé.

Ces insectes sont plutôt de petite taille que moyenne ; leurs jambes sont courtes et non propres au saut. Leurs larves vivent à découvert sur les végétaux, et souvent en société ; on y trouve aussi l'insecte parfait.

C. SANGUINOLENTA. Fabr. Long. 8 à 10 millim. Noire ou noire bleuâtre ; corselet lisse au milieu , avec les côtés relevés , ponctués ; élytres profondément ponctuées , et bordées de rouge sur les côtés. A terre , dans les champs et sur le bord des chemins.

C. HOTTENTOTA. Fabr. Long. 6 millim. Corselet presque lisse; élytres b'eues , foncées , couvertes de gros points écartés ; antennes et pattes bleues.

C. BANKSII. Fabr. Long. 12 millim. D'un vert bronzé , brillant ; corselet lisse ; élytres avec de gros points disséminés ; antennes et pattes rougeâtres. Hab. dans le bois de Laguerre , à Ancenis.

C. GEMINATA. Paykull. Long. 6 millim. Corps d'un beau bleu foncé ; corselet très finement pointillé ; les élytres ont des séries de points arrangées deux par deux, séparées par des intervalles plus larges , qui ont des points infiniment plus petits que ceux des séries. Sur les plantes , à Orvault , dans la vallée.

C. GRAMINIS. Fabr. Long. 8 millim. Corselet d'un beau vert , avec une ligne dorsale peu apparente ; élytres d'un vert doré , brillantes , ponctuées ; pattes de la même couleur ; antennes bleues.

C. FASTUOSA. Fabr. Un tiers plus petite que la précédente ; corselet vert , quelquefois bleu ; élytres ponctuées , dorées , avec un reflet bleu changeant suivant la position qu'on lui donne.

Joli insecte , que j'ai trouvé assez abondant dans les champs , à Saint-Herblain.

C. FULGIDA. Fabr. LALANDII. Vaudouer. Long. 14 millim. Corps entièrement d'un beau vert métallique ; corselet ponctué, surtout sur les parties latérales ; plus bronzé que les élytres , qui sont d'un beau vert doré et très brillantes , très ponctuées , sans séries.

Cette belle espèce a été trouvée , en assez grande quantité , à Saint-Gildas , par l'abbé de Lalande. Une année après , j'en trouvai six dans la première prairie de la Morinière , dans un fossé , sur le Lycopus europeus.

C. **cerealis**. Fabr. Moitié moins grande que la précédente ; corps vert doré , métallique , ponctué , avec lignes longitudinales , bleues et brillantes sur le corselet , et cinq sur chacune des élytres. C. à Ancenis , à Orvault.

C. **furcata**. Fabr. Tête et corselet noirs , ponctués , avec les bords latéraux , fortement saillants ; élytres vertes , ponctuées , sans ordre ; antennes et pattes noires. Hab. prairie de la Morinière et champs de Petit-Port.

C. **americana**. Fabr. Long. 6 millim. D'un vert bronzé très brillant ; le milieu du corselet très lisse ; les bords latéraux relevés , bleus et ponctués ; cinq lignes bleues , longitudinales , sur les élytres , bordées par deux lignes de points enfoncés ; les intervalles un peu plus larges et très lisses.

J'ai trouvé cette belle espèce dans les prairies de Basse-Goulaine.

 OREINA. Chevrelat. Dej. Il n'y a pas de genre qui se rapproche le plus des Crysomèles que le genre Oreina , seulement elles sont plus allongées que les premières. Castelnau et Boitard , pour éviter toute difficulté , les ont passées sous silence.

O. **venusta**. Dej. Entièrement d'un beau bleu violeté ; corselet lisse au milieu , avec une ligne dorsale peu marquée et les bords relevés ; élytres ponctuées. Commune sur les genêts , à Petit-Port.

O. **tristis**. Fabr. Moins allongée que la précédente , plus large , et d'une couleur généralement plus violette. Hab. sur les fleurs et les graminées. Saint-Julien.

LINA. Megerle. Genre plus allongé que les Chrysomèles. Corselet plus étroit que les élytres, en carré transversal , épaissi latéralement.

L. **populi**. Fabr. Corselet noir , très lisse et brillant au milieu , ponctué sur les parties latérales ; élytres vertes , très finement pointillées.

Il y a déjà quelques années, M. Ducoudray-Bourgault et moi, nous trouvâmes cette espèce (qui cependant , habituellement , n'est pas très commune) , en telle quantité dans une pépinière appartenant à M. Lefièvre père, qu'elle avait tellement dépouillé ses arbres de leurs feuilles , qu'il en perdit la **plus** grande partie. Ce ravage, nous dit-il, avait eu lieu l'année précédente , dans une autre de ses pépinières.

L. abbreviata. Fabr. Je ne pense pas qu'on doive la considérer comme une espèce ; elle a les mêmes caractères que la précédente , elle est seulement plus petite.

SPARTOPHILA. Fabricius. Corps ovale , allongé ; tête penchée ; mandibules obtuses ; dernier article des antennes ovoïde et pointu.

S. litura. Corps et pattes d'un jaune fauve ; corselet ponctué ; sept lignes de points enfoncés sur les élytres , les deux qui s'approchent de la suture, légèrement ondulées et incomplètes ; la suture noire violetée et une ligne pareille et un peu plus large sur les parties lattérales. Hab. sur les hautes herbes.

PLAGIODERA. Chevrolat. Antennes et mandibules pareilles au genre précédent ; la tête n'est plus penchée mais peu saillante ; elle est enclavée dans un corselet beaucoup plus large que long avec une large échancrure demi-circulaire pour recevoir la tête.

P. armoraciæ. Fabr. Corps arrondi, noir violeté ; le corselet est parfois bronzé , brillant ; élytres vaguement ponctuées , avec une callosité à la partie humérale et une dépression sur le bord externe. Hab. sur les crucifères et surtout le cresson.

GASTROPHYSA. Chevrolat. Oblong, convexe ; tous les articles des palpes maxillaires égaux ; tête penchée et cachée sous un corselet épais et court.

G. poligoni. Fabr. Corselet jaune rougeâtre ; élytres bleues violetées , très finement pointillées.

PHRATORA. Chevrolat. Antennes courtes, à articles cylindriques; tête penchée, cachée sous le corselet.

P. VITELLINÆ. Fabr. Ovale, oblongue, bleue ou bronzée, brillante ; des séries longitudinales de points très serrés sur les élytres.

Cet insecte vit sur l'osier : pendant quelques années, il était en si grande quantité dans la belle oseraie de M. Van-Iseghem, qu'il l'a en partie détruite. Et ce n'est qu'à la persistance qu'il a mise à poursuivre sa larve sous les écorces et dans les vieilles souches, où elle se cache pendant l'hiver, qu'il doit d'en avoir conservé quelques parcelles.

PHŒDON. Megerle. Corps orbiculaire ; premier article des antennes plus gros que les suivants, diminuant jusqu'au 4ᵉ et allant en augmentant jusqu'au dernier, qui se termine en cône pointu.

P. COCHLEARIÆ. Fabr. Cuvier, pl. 73, fig. 6. Noir violeté, brillant; corselet en demi cercle, convexe en arrière, concave en avant pour recevoir la tête; élytres avec huit lignes de points enfoncés.

HELODES. Payk. Ελοδης, des marais. Antennes de la longueur au plus de la tête et du corselet, qui est plus plat, plus large que la tête.

H. PHELLANDRI. Fabr. Dumeril, pl. 29, fig. 4. Tête et corselet ponctués avec un large bord jaune sur les parties latérales de ce dernier; élytres vertes, bronzées, brillantes, striées, ponctuées et bordées d'une ligne jaune qui se rejoint en arrière pour former une autre ligne interne parallèle à la suture, mais qui ne la borde pas. Hab. sur l'OEnante phellandrium.

H. VIOLACEA. Fabr. Violet foncé, unicolore ; corselet et élytres ponctués.

H. MARGINELLA. Fabr. Violette et brillante; corselet ponctué avec ses bords latéraux ornés d'une marge rougeàtre plus large en avant ; élytres striées, ponctuées, bordées d'une ligne rougeàtre.

Je l'ai trouvé une seule fois, à la Verrière, sur la ciguë.

CLYTHRA. Leach. Fab. Tête assez large , en partie cachée sous le corselet ; yeux ronds ; antennes de onze articles en scie ; corselet large , rebordé ; écusson triangulaire ; élytres dures, convexes , égalant l'abdomen ; corps cylindrique.

C. 4-PUNCTATA. Fabr. Long. 10 millim. Cuvier, pl. 72, fig. 1. Tête , corselet, antennes et pattes noirs ; élytres rouges jaunâtres, avec deux taches sur chacune , dont la postérieure est moitié plus grande.

CC. sous les pierres, à Ancenis et surtout dans les calcaires de Liré. Sa larve vit dans un tuyau d'une matière coriace, qu'elle traîne avec elle. M. Vaudouer envoya cette larve et son enveloppe à M. Audouin.

C. LONGIMANA. Fabr. Long. 8 millim. Dumeril, pl. 20, fig. 9. Corselet noir ; élytres jaunes, vaguement ponctuées, avec deux points sur leur tiers postérieur.

On la prend sur les fleurs.

CRYPTOCEPHALUS. Geoffroy. κρυπτος, cachée ; κεφαλή, tête. Tête verticale enfoncée dans le corselet ; antennes filiformes écartées à leur insertion environ de la moitié de la longueur du corps.

Les Cryptocéphales sont de petits insectes courts , ramassés , cylindriques ; leur corselet est très bombé en dessus ; la tête, qui est plate en dessous , s'y trouve tellement enfoncée que le corps paraît comme tronqué en avant.

Ils vivent sur les plantes ; ils y sont quelquefois en assez grande quantité pour faire tort aux arbres fruitiers , parce qu'ils attaquent principalement les bourgeons. A la moindre crainte, ils contractent leurs antennes et leurs pattes et se laissent tomber à terre.

C. BIPUNCTATUS. Fabr. Corselet noir, lisse et brillant ; élytres rouges, avec un petit point noir à la partie humérale et un autre à son tiers postérieur.

C. MORÆI. Fabr. Corselet noir, brillant, avec une petite tache jaune d'or, sur chacun des angles postérieurs ; une ligne de même couleur sur le bord antérieur ; deux points jaunes sur la tête ; élytres noires avec des séries de points enfoncés ; une tache jaune sur le bord externe et une plus large à la partie postérieure.

J'ai trouvé ce joli insecte à Machecoul.

C. SERICEUS. Linn. Oliv. Long. 8 millim. D'un beau vert doré ; corselet pointillé ; élytres chagrinées, ponctuées. CC. sur les fleurs.

C. VIOLACEUS. Fabr. Entièrement violet ; corselet lisse et brillant ; élytres ponctuées.

C. FLAVIPES. Fabr. Noir ; corselet lisse , avec une ligne jaune à sa partie antérieure ; élytres ponctuées en série longitudinale ; tête et pattes jaunes.

C. NITIDULUS. Fabr. Il ressemble parfaitement au Sericeus , mais il est moitié plus petit.

C. VITTATUS. Fabr. Noir ; corselet lisse et brillant ; élytres bordées de jaune avec une large ligne de la même couleur, qui, naissant de la partie antérieure, n'atteint pas jusqu'à l'extrémité.

C. PYGMOEUS. Fabr. Plus petit que le précédent ; corselet noir, lisse, très convexe ; élytres jaunes, avec la suture noire et une petite ligne noire oblique sur le côté.

PACHYBRACHIS. Chevrolat. Ce genre a beaucoup de rapport avec les Cryptocéphales, seulement la tête est moins cachée et le corselet moins convexe. Quelques auteurs l'ont laissé dans le genre précédent.

P. HIEROGLYPHICUS. Fabr. Tête jaune, avec une ligne longitudinale noire au milieu ; yeux gros et noirs ; corselet noir, bordé de jaune, avec une tache de même couleur à son bord antérieur, deux taches obliques formant un V partant du bord postérieur et un petit point de chaque côté ; élytres jaunes, avec trois points noirs sur le bord extérieur et deux taches noires carrées irrégulières près de la suture ; antennes et pattes fauves. Ce joli insecte m'a été donné par M. Vaudouer, qui l'avait trouvé à Grillaud.

TRIPLAX. Fabricius. Antennes grenues, terminées par une

masse courte, ovoïde ; mâchoires dont la division intérieure est membraneuse, avec une seule petite dent à l'extrémité.

Ces insectes vivent dans les champignons, sous l'écorce des arbres morts.

T. NIGRIPENNIS. Fabr. Corselet rouge, lisse, brillant ; élytres noires, très finement striées, ponctuées.

PHALACRUS. Paykul. Corps hémisphérique ; massue des antennes de trois articles. Ils vivent sur les fleurs, surtout les composées, ils passent l'hiver sous les écorces des arbres ou dans la mousse , et c'est probablement dans ces endroits que leurs métamorphoses s'opèrent.

P. CORRUSCUS. Fabr. Globuleux , très noir, brillant, une seule strie sur les élytres, près de la suture.

P. CORTICALIS. Illiger. Corselet noir, luisant ; élytres rougeâtres, un peu plus foncées vers la suture.

P. TESTACEUS. Illiger. Corselet noir, très luisant ; élytres d'un brun testacé foncé, mais plus claires aux extrémités.

P. OENEUS. Fabr. SPHOERIDIUM. Dej. Uu peu plus oblong que les précédents, bronzé foncé ; les élytres très finement pointillées.

EPHISTENUS. Ce genre presque globulaire, à peine distinct à la simple vue, n'a été mentionné nulle part : nommé par M. de Marseul E. GYRINOÏDES, il est noir, lisse, brillant et convexe.

CYRTOCEPHALUS. CEPHALOTES. Dej. Ce genre, que je ne vois décrit nulle part, est seulement cité dans le catalogue de Dejean. Il est plus petit encore que le précédent et il n'en diffère que par quelques inégalités qu'il a sur la tête. M. de Marseul et moi nous avons trouvé ces deux genres à Trentemoult, en passant de la terre prise au pied d'un arbre.

4e SECTION. — LES TRIMÈRES.

Trois articles à tous les tarses ; antennes un peu renflées en massue à l'extrémité ; corps arrondi ou ovale. Les Trimères sont généralement de petite taille et peu nombreux.

LES COCCINELLIDES.

Corps hémisphérique, ovalaire, allongé, luisant, glabre , pubescent ou cotonneux ; tête découverte ; palpes maxillaires très grands, sécuriformes ; lèvre en carré transverse ; chaperon cintré ; antennes de onze articles , plus courtes que le prothorax ; massue composée des trois derniers articles ; corselet court , transverse , en forme de croissant peu ou point rebordé ; écusson triangulaire ; élytres arrondies, ovalaires, débordant souvent le corps.

Latreille indique ces insectes comme Trimères, mais ils sont Tétramères, ou au moins Subtétramères, car la base du dernier article des tarses qui est grand , offre un autre article soudé de même grosseur.

HYPPODAMIA. Chevrolat. Crochets des tarses doubles, ceux internes plus longs ; pattes longues.

H. MUTABILIS. Illiger. Long. 4 millim. Tête et corselet noirs ; deux taches jaunes sur la tête ; les parties antérieure et latérale du corselet bordées d'une ligne d'un jaune pâle, avec une pointe de la même couleur qui s'avance au milieu et un point jaune de chaque côté ; élytres rouges , avec cinq points noirs , un à l'épaule, trois en triangle à la partie postérieure et un au commencement de la suture.

COCCINELLA. Linnée. Corps hémisphérique plat en dessous ; une échancrure entre le corselet et la base des élytres ; antennes en massue tronquée, plus courtes que la tête et le corselet.

Les Coccinellides se nourrissent de plantes propres à chaque espèce ; quelques-unes, soit larves ou insectes , attaquent les pucerons, les cochenilles et autres genres d'Hémiptères aphidiens, ce qui leur a fait donner par quelques auteurs le nom générique d'Aphidiphages.

C. QUADRIPUNCTATA. Linn. Tête et corselet noirs ; deux points blancs sur la tête ; deux taches plus larges sur le corselet ; élytres rouges , avec quatre taches , dont une sur la suture. CC.

C. MUTABILIS. Linn. Corselet et tête noirs ; deux taches blanches sur la tête , trois sur le corselet et un seul point noir très rond sur chacune des élytres, rouges.

C. SEXPUSTULATA. Fab. Très noire , trois taches d'un beau rouge sur les élytres, dont une large à l'épaule, une ronde près de la suture et une plus petite en arrière.

C. BIPUSNATATA. Fabr. Tête et corselet noirs ; deux taches blanches sur les parties latérales du corselet et une qui est bifurquée à la partie postérieure ; élytres rouges, avec un point noir sur chacune d'elles.

C. CONGLOBATA. Fabr. Blanc jaunâtre , sur la tête, qui est noire , on voit cinq petites lignes longitudinales ; quatre taches noires disposées en demi cercle sur le corselet, avec une plus petite au centre et une de chaque côté ; huit points noirs sur chacune des élytres, qui quelquefois sont presque blanches; une de ces taches plus forte que les autres, semble sortir ou naître de la suture qui est noire, pour venir se recourber jusqu'au centre de l'élytre.

C. VIGINTI PUNCTATA. Fabr. Blanc jaunâtre ; le corselet avec sept points disposés comme dans la précédente et dix points sur chacune des élytres.

C. CONGLOMERATA. Fabr. Tête blanche ; corselet noir, bordé de blanc en avant ; élytres noires , avec deux taches blanches carrées, la tache supérieure se continue avec une bordure jaune interrompue vers son milieu par deux taches noires oblongues et un prolongement jaune entre les deux taches carrées.

C. VARIABILIS. Fabr. Corselet noir, bordé de jaune ; élytres noires, avec cinq larges taches.

C. 14-GUTTATA. Fabr. Très petite , noire, avec une ligne jaune à la partie antérieure du corselet ; sept larges taches sur des élytres noires , arrangées deux par deux, avec une impaire en arrière.

C. 10-GUTTATA. Fabr. Sur un fond jaune testacé, cinq taches un peu plus pâles, dont trois près de la suture et deux plus extérieures.

C. OBLONGO GUTTATA. Sur un fond jaune testacé, des taches allongées d'une couleur plus claire, ressemblant assez à des coups de pinceau.

C. 12-PUNCTATA. Petite, rougeâtre ; six taches noires sur le corselet, dont quatre forment un demi-cercle en arrière et une de chaque côté ; six taches pareilles sur chacune des élytres, disposées deux à deux.

CHILOCORUS. Leach. Pattes courtes, ce genre se rapproche un peu des Cassides ; bords des élytres relevés.

C. BIPUSTULATUS. Fabr. Très arrondi, globuleux, noir brillant ; une tache sur chacune des élytres.

C. 4-VERRUCATUS. Fabr. Noire, brillante, globuleuse, avec deux taches rougeâtres sur chacune des élytres, celle antérieure représentant un 6.

CYNEGETIS. Chevrolat. Pattes courtes, simples.

C. GLOBOSA. Illiger. Corselet noir ; corps très convexe, globuleux ; élytres rouges foncées, avec dix points noirs, dont la plupart sont confluents.

SCYMNUS. Herbst. Corps hémisphérique, plat en dessous, convexe en dessus ; corselet et élytres rebordés ; base des élytres accolée au corselet.

S. BISBIPUSTULATUS. Fabr. Noir, légèrement pubescent, avec deux larges taches rouges sur chacune des élytres.

S. ANALIS. Fabr. Très petit, oblong, ovale, noir, convexe et luisant.

NUNDINA. Dejean. Ce genre a beaucoup de rapport avec le genre précédent, seulement les crochets des tarses sont simples.

, N. LITURA. Fabr. Petit, convexe, pubescent ; partie antérieure du corselet et des élytres jaune testacé, le reste noir ; élytres ponctuées.

COCCIDULA. Megerle. Crochets des tarses simples ; pattes courtes ; écusson arrondi.

C. **pectoralis**. Fabr. Corps ovale, oblong, d'une couleur rougeâtre ; corselet et élytres ponctués.

LYCOPERDINA. Latreille. Antennes monilifères, le premier article plus gros que les autres ; pattes longues.

L. **bovistoe**. Fabr. Corps oblong, entièrement noir, légèrement aplati ; corselet convexe au milieu , avec les bords aplatis et rebordés ; élytres convexes à la base , déprimées vers la suture ; jambes courbées à leur partie interne. Il vit dans les champignons.

5ᵉ DIVISION. — LES DIMÈRES

Cette coupe de Coléoptères a été supprimée ; les insectes dont on l'avait composée ayant au moins trois articles à tous les tarses. Mais, voulant rester fidèle à la marche que je me suis proposé , j'ai placé ici cette cinquième division seulement pour mémoire.

LES PSÉLAPHIENS.

Ont par leurs élytres courtes quelques rapports avec les Brachélytres et surtout avec les Aléochares. La dernière partie du corps est cependant beaucoup plus courte, large, très obtuse et arrondie postérieurement ; les antennes terminées en massue ou plus grosses vers le bout, n'offrent quelquefois que six articles ; les palpes maxillaires sont ordinairement fort grands ; tous les articles des tarses sont entiers, et le premier beauconp plus court que les suivants, n'est point ou peu apparent au premier coup-d'œil ; le dernier n'est le plus souvent terminé que par un seul crochet.

PSELAPHUS. Herbst. ϕπλαφω, je tâtonne. Antennes de onze articles, grossissant insensiblement, à dernier article plus gros ; palpes allongés ; élytres raccourcies.

P. **heisii**. Herbst. Long. 1 millim. 1/2. Noir plus ou moins foncé ; tête trigone , rétrécie, allongée et finement rugueuse an-

térieurement et marquée d'un sillon profond qui s'étend jusqu'aux yeux ; palpes légèrement pubescents, terminés en massue
forte, allongée ; antennes ferrugineuse ; yeux noirs ; corselet
plus long que large, rétréci aux deux extrémités, dilaté et arrondi
sur les côtés, convexe, très lisse ; élytres un tiers plus longues
que le corselet, taillées carrément, très lisses et bordées d'une
rangée de poils en arrière, ayant chacune deux stries longitudinales, l'une suturale, l'autre discoïdale ; abdomen lisse, un peu
pubescent et fortement rebordé.

Les Psélaphiens sont des insectes de très petite taille, que
l'on trouve dans les prés, sous l'écorce des arbres et sous les
pierres. Ils marchent très vite sur les tiges des graminées, ce
qui permet de les prendre facilement en fauchant sur les hautes
herbes. Ils sont carnassiers.

BRYAXIS. Leach. Aubé. PSELAPHUS. Panz. STAPHYLINUS. Linn.
Palpes maxillaires de la longueur de la tête, assez robustes ;
antennes longues, en massue allongée ; pattes assez allongées ;
cuisses robustes, renflées à leur base ; jambes arquées ; corselet
cordiforme ; élytres rétrécies antérieurement ; abdomen court,
obtus ; corps peu allongé, assez épais.

B. FOSSULATA. Reich. Tête d'un noir brillant, lisse, triangulaire, avec une fossette à la partie antérieure du front et deux à
la partie postérieure ; corselet rétréci en avant, avec trois impressions profondes en arrière ; élytres courtes, ayant chacune
deux stries longitudinales, l'une près de la suture, l'autre plus en
dehors ; abdomen noir, marqué à sa base de deux petites impressions obliques. Hab. dans les prairies humides.

TYCHUS. Leach. Aubé. PSELAPHUS. Payk. Palpes maxillaires
plus longs que la tête ; premier article très petit, sphérique ;
yeux arrondis, saillants ; pattes grêles ; cuisses renflées à la base
et jambes légèrement arquées ; corselet lisse, uni ; tête triangulaire, sans fossettes ; élytres rétrécies en avant, bistriées.

T. NIGER. Paykull. Long. 1 millim. Brun noirâtre, brillant,
couvert d'une pubescence grisâtre assez serrée ; tête triangulaire,
légèrement bifide antérieurement avec une petite impression
longitudinale sur le vertex ; palpes d'un jaune testacé clair ; an-

tennes ferrugineuses ; corselet aussi long que large, rétréci antérieurement, convexe et lisse ; élytres du double plus longues que
le corselet, coupées carrément en arrière, rétrécies à leur base,
convexes, lisses et bistriées ; abdomen large, obtus, rebordé ;
pattes ferrugineuses. Sous les écorces et dans la mousse.

CLAVIGER. Muller. Panz. Latr. Antennes de six articles, les
deux premiers petits, légèrement globuleux ; les derniers en
massue ; palpes maxillaires très courts, filiformes, armés de
deux ongles à leur extrémité ; tarses munis d'un seul crochet ;
tête dégagée ; yeux non visibles ; corselet rétréci aux deux extrémités ; élytres très courtes ; pattes fortes.

C. FOVEOLATUS. Latr. Aubé. Long. 1 millim. D'un brun testacé ; corselet avec une fossette à la partie postérieure ; élytres
finement striées.

Le Clavigère à fossette vit dans le nid de la petite fourmi rouge.
D'après les observations du savant entomologiste allemand
Muller, il semble qu'il y aurait des relations très curieuses entre
ces deux insectes. Ainsi, si on lève une pierre qui recouvre une
de ces foumillières, les petites fourmis ont autant de sollicitude
pour emporter dans leur cellules souterraines les Clavigères,
qu'elles en montrent pour leurs propres larves. Si une fourmi rencontre un Clavigère, elle semble le caresser avec ses antennes et
ses palpes, puis elle lèche le bouquet de poils qu'elle a sur le dos,
à l'extrémité et sur la partie latérale des élytres, et par réciprocité
lorsque ces deux insectes se rencontrent, après quelques
tâtonnements réciproques et quelques caresses à l'aide de leurs
antennes, la tête de l'un dirigée contre la tête de l'autre, le
Clavigère ouvre la bouche, la fourmi en fait autant, la bouche de
cette dernière, devenue saillante, délivre au Clavigère la nourri-
ture que celui-ci suce avidement avec sa lèvre et les lobes de
ses mâchoires.

Analyse très succincte de l'intéressant mémoire que M.
Muller a publié sur les mœurs des Clavigères, dans le Magasin
entomologique de Germar, traduit par M. Brullé.

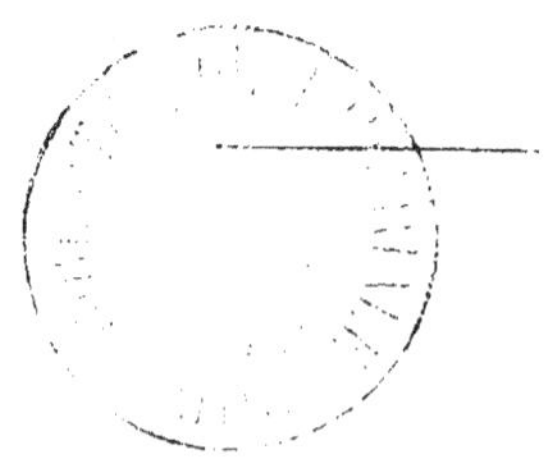

TABLE ALPHABÉTIQUE.

Nantes, Imprimerie de Mme veuve C. Mellinet